高校实践赋能
乡村振兴

石城子村规划设计和校村营造实践

GAOXIAO SHIJIAN FUNENG
XIANGCUN ZHENXING

SHICHENGZICUN GUIHUA SHEJI HE
XIAOCUN YINGZAO SHIJIAN

金岩 | 著

中国纺织出版社有限公司

内 容 提 要

本书针对中国普通乡村生活空间（公共空间、建筑、街道）、生产空间（农庄、农业景观遗产）、自然生态空间（自然研学、森林、地质空间），基于低造价、微更新原则，进行规划设计和校村营造探索。尤其针对石城子村的文化景观遗产，带动村民一起进行梳理、再生、活化设计实践，进行跨专业结合"营造"探索。本书对当下普通乡村的改造具有参考意义，同时为高校参与探索乡村改造提供了新的参考。

本书适合乡村改造设计人员阅读，也可为高校设计专业师生参考。

图书在版编目（CIP）数据

高校实践赋能乡村振兴：石城子村规划设计和校村营造实践 / 金岩著. —— 北京：中国纺织出版社有限公司，2023.10

ISBN 978-7-5229-0900-4

Ⅰ.①高… Ⅱ.①金… Ⅲ.①乡村规划—建筑设计—研究—青龙满族自治县 Ⅳ.①TU982.292.25

中国国家版本馆 CIP 数据核字（2023）第 163077 号

责任编辑：朱利锋　　责任校对：寇晨晨　　责任印制：王艳丽

中国纺织出版社有限公司出版发行
地址：北京市朝阳区百子湾东里 A407 号楼　邮政编码：100124
销售电话：010—67004422　传真：010—87155801
http://www.c-textilep.com
中国纺织出版社天猫旗舰店
官方微博 http://weibo.com/2119887771
天津千鹤文化传播有限公司印刷　各地新华书店经销
2023 年 10 月第 1 版第 1 次印刷
开本：787×1092　1/16　印张：12.25
字数：155 千字　定价：98.00 元

在党和国家乡村振兴战略指引下，中国北方一个普通小山村——河北省秦皇岛市青龙满族自治县石城子村的发展迎来了机遇和挑战。2017年至今，北京服装学院艺术设计学院"营造小队"组织不同学校不同专业师生十余次进驻石城子村进行建筑和景观改造设计、视觉艺术设计、数字媒体设计、摄影和产品设计等，帮助石城子村在北京圆满完成"设计改变石城子村"论坛、展览和农产品品牌发布会活动，举办第四届石城子村丰收节，暑期师生驻村改造公共空间十余处。推动石城子村获得社会关注，并成功申报国家级"一村一品"建设村，石城子"营造小队"（包括设计小队、建造小队和研学小队）模式探索了高校作为一种社会力量帮助乡村构建"自我营造"新模式。

1. 高校联合跨专业"设计小队"

2017年至今，八个不同设计专业几百名学生先后加入石城子村的设计中来。环境设计专业的同学为石城子村进行整体规划、景观和建筑设计；视觉传达设计专业的同学进行石城子村视觉形象策划设计并注册了"石也香"农产品品牌；摄影专业同学拍摄村里环境、村民肖像，对外宣传石城子村；纺织品设计专业同学设计开发当地满族文化家居纺织品，推动文化旅游发展；雕塑专业同学设计乡村公共艺术作品；数字媒体专业学生制作石城子村小程序……在院校的积极带动下，很多社会力量也相继跟进，中国民族贸易促进会（简称民贸会）政策研究室专门组团参观了社会实践成果展，将石城子村的板栗和核桃等特色产品列入销售名录，并正式上线。

"设计小队"为院校服务乡村脱贫提供了一种积极有效的跨专业模式。

2. 校村共建公共空间"建造小队"

课题组最初几年主要帮助石城子村进行设计扶贫，但是由于村里缺乏资金，多年来积累了大量的设计成果无法落地或者进展特别缓慢。石城子村有非常多的废弃空间需要改造利用，环境改造不可能全部依靠外力。而乡村环境不改善，就没有游客和投资引进，乡村得不到发展，这是一个矛盾点。大部分乡村采取"等"的态度，其后果只能是让在地村民人口越来越少、老房子因无力修缮而坍塌、文化遗产逐渐消失……对于石城子这样普通的乡村，"等"是没有出路的。只有发动村民共同营造，居住环境、生态环境和农业环境才有希望。

2021年至今连续三年暑期，"营造小队"的师生进驻石城子村，本着低造价、微更新、低技术的理念，从大量设计中选择学生和农民合作能够实施完成的部分空间进行落地实施工作，带动村民一起动手进行公共空间搭建落地活动。

2021年9月，为期一周的"营造工作营"以石城子村丰收节空间和视觉设计为主题，师生们前往石城子村帮助完成丰收节活动策划和会场空间设计落地工作；并做了石城子村宣传片、Logo、旅游地图等，学生和农民、游客一起进行栗子模块文创和扎染体验活动，让公众更好地了解石城子村的文化价值，帮助石城子村成功举办第四届农民丰收节。

2022年和2023年暑期，经过"营造小队"全体同学和村民志愿者辛苦的劳动，利用村中废弃材料，本着低造价、微更新、低技术原则，完成了林园儿童爬网和林园小剧场营造、磨盘山村村民生活广场搭建、满族海东青和图腾大型墙画绘制、十二幅簸箕绘画以及栗子IP构筑物建造等十余处空间改造活动，推动石城子村乡村振兴落实落地。这些作品的完成，极大地丰富了石城子村满族文化的底蕴，丰富了石城子村民生活广场和儿童活动空间的内容。

3. 培训村民导师的"研学小队"

为了更好地帮助石城子村建立一个未来能够自我发展的村民自建模式，利用乡村研学作为村民经济收入和乡村文化活动的窗口，带动村民就业，使村民能够真正成为村子发展的主导者。村民要学习如何利用自身优势自我营造环境，成为未来传统文化研学、农业研学和自然研学的导师，甚至景观空间研学的主导者。这一过程其实是村民和高校师生相互学习的过程。2023年暑期，我们带领村民初步探索第一次石城子村研学，建立石城子村营造研学公众号，开展"手工艺赋能乡村振兴""乡村闲余空间再生活化"为主题的多专业研学营活动，培训村民导师，将研学实践与乡村振兴结合在一起。

带领学生进入乡村进行实践教学，要思考从学校的角度如何让设计落地，帮助农民成长的同时，也向农民学习传统技能。从农民真实需求出发，设计激活农民，农民激活乡村。

本书的出版是多年来很多师生无私付出的成果。感谢对石城子村课题和本书出版给予大力支持的领导和同事：北服艺术设计学院丁蕾书记、车飞院长、常玮前院长、曹荷红教授、张倩副院长、马文彬老师；感谢跨专业课堂的老师们：环境设计专业赵冠男、陈望、张乐、李瑞君、宁晶、赵倩、孟凡玉等，视觉传达专业韩诚、郝雪莉，数字媒体专业熊红云，品牌设计专业杜娟，纺织品设计专业刘达，美术专业刘玉庭；感谢四校联合工作营的老师们：重庆大学黄海静、李云燕，中央美术学院苏勇，北京交通大学李旭佳；感谢中国纺织出版社有限公司编辑对于本书架构提出的建设性意见！

感谢这六年来石城子村"营造小队"的所有师生们！期望这本书能够为普通乡村的发展带来一些思路，为石城子村带来更多各方关注和支持。

参与本书编写的人员如下：黄海静、李政、苏勇、谢天晓、李旭佳、石娟娟、李云燕、金融、苏溯、韩素娟。

本书由以下四个项目支持：北京市教改课题《乡村景观作为遗产——高校联合跨专业乡村设计实践》（202110012003）；北京服装学院教改重点项目《跨专业联合"设计改变乡村"的实践教学改革与创新》（NHFZ2016068/004/004）；2022年"环艺创新工作营"思政示范课；重庆大学第三批专业学位研究教学案例《乡村振兴规划与低碳改造设计》（20210327）。

由于时候仓促，加上作者水平所限，本书还存在很多不足之处，敬请广大专家和读者批评指正。

金岩

2023年6月

第一篇　设计实践

第二篇　校村营造研学实践

第一篇

设计实践

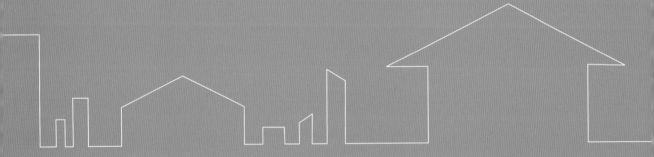

第1章 项目背景

1.1 区位分析

　　基地位于秦皇岛市青龙满族自治县（简称青龙县）七道河乡，距县城直线距离约17.8公里，在秦皇岛市西北方向。村落往东南方向可到达桃林口水库，向西则是南北流向的沙河，沿七道河山涧流淌（图1-1）。七道河乡是青龙县的西南关口，古长城从境南蜿蜒通过，南和卢龙、迁安接壤。

图1-1 石城子村交通区位图

　　石城子村地处燕山山脉东端，南临华北平原，地形以山地为主，三山夹两谷的河谷风貌明显与乡镇联系紧密。石城子共有五个自然村，即石板沟村、何杖子村、石门子村、磨盘山村、道石洞村。整体村整体较新，建筑状况良好，村庄地势平坦，两侧被山坡环绕。

　　总体来说，石城子村与外界联系较为单一，相对比较偏远。但其交通条件提供了其发展旅游业的可能性。但地理区位优越，与252国道相通，为北京市、唐山市和秦皇岛市的人群自驾旅游提供了基础建设，交通方面具有较大发展潜力。

1.2 周边资源

周边自然资源较丰富。石城子村所在的青龙满族自治县于2016年9月被认定为国家重点生态功能区。全县森林覆盖率较高，县域境内含有2个自然保护区：都山省级保护区及老岭市级保护区；1个国家级风景区：地质公园祖山；1座大型水库：桃林口水库。另外，青龙满族自治县动植物数量繁多，是国家野生动物资源研究开发和保护基地。石城子村地表水多地下水较少，季节差异较明显，周边生物物种丰富，境内的大型林地斑块和水域斑块是多数生物重要的栖息地。

周边交通资源有着区位优势。石城子村距离北京城区约200km，距秦皇岛城区约120km，村城主干道并入637县道，县道与252国道相通，国道途经京哈高速，下高速后，沿着沙河，路过肖营子镇，最后到达石城子村（图1-2）。村子东侧毗邻青龙县城，西侧与迁安市冷口、白羊峪景区为邻，北侧连接承秦高速，南侧距京沈高速约30km。得天独厚的位置优势可以吸引游客自驾前来休闲住宿。

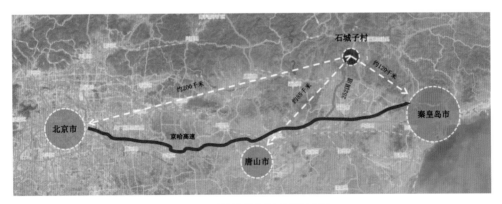

图1-2 石城子村周边交通区位图

周边产业资源丰富，特别是旅游资源。石城子村位于秦皇岛市西北自然资源旅游片区的核心地带，村周边有都山风景区和青龙湖景区，是沙河和青龙河两河夹层中心地带，也是沿长城旅游观光产业带的核心地区。

石城子村位于农业生态观光区辐射范围内，也在凉水河延伸到祖山风景区的生态文化旅游带卜，有很好的农业文旅产业发展前景。另外，石城子村在县域范围内与周边产业资源竞合（图1-3）。周边乡镇均以农副产品加工、矿业开采加工为主，旅游度假主要由凉水河乡黄金溶洞、肖营子镇冷口温泉为支撑，产业同质化较为严重。

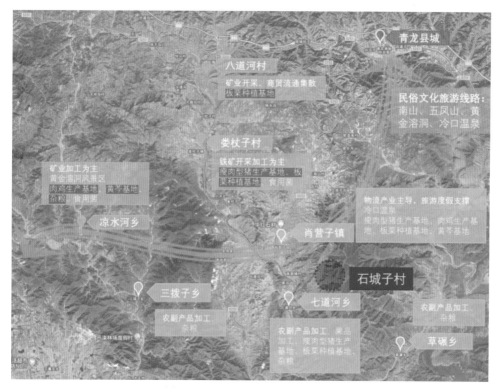

图1-3　石城子村周边资源分布图

1.3　历史沿革

石城子村于清朝康熙顺治时开垦荒地起建立，至今已有300余年的历史。村里的历史事件最早能追溯到1942年，当年村子周围一带均被日军占领，村民舍命营救八路军伤员，将他们藏匿在周围山洞里。1949～1973年，村子遭遇三次大洪水，灾害破坏了村内的土地和房屋，更有30余人因此遇难，因此该村经历了多次抗灾重修工作。1973年，石城子村盖起了村部，自此村子有组织地开展了修路基、通电、包产到户、退耕还林、修缮主路等工作。2012年，村子成立"又飘香"专业合作社。同年年底，河北承德高速秦皇岛路段开始通车，村子与城市连接的道路变得方便，石城子村子走向脱贫的道路。至2014年，村内又开展了修山路、修蓄水池、安装路灯等工作，并开展了村小学免费午餐项目，村部被重新翻盖，村民的生活逐步得到了改善。2017年，在乡建院的帮助下，石城子村被选为内置金融村社体系建设试点村；同年，为保护生态环境、提升村内卫生条件，石城子村展开了家庭垃圾分类的工作，成为全国最早开始垃圾分类的地方之一。2019年，石城子村被选定为中国农民丰收节分会场，村内首次举办了丰收节庆祝活动；合作社收储了村民18套闲置房屋用作民宿改造和经营，石城子村的良好生态环境和闲置的固定资产将通过乡村旅游产业变现；同年，石城子村村民的收入由人均年2360元（2013年）达到5000余元，实现了全村脱贫。截至2020年底，石城子全村有262户共1015人，被认定为全国乡村治理示范村、第十批全国"一村一品"示范村镇（板栗）。经历了一代代人的努力建设，村民们的生活逐渐走向了富裕（图1-4）。

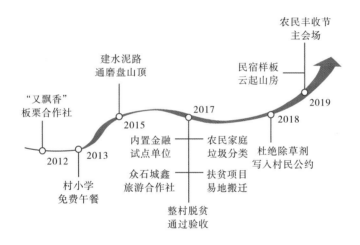

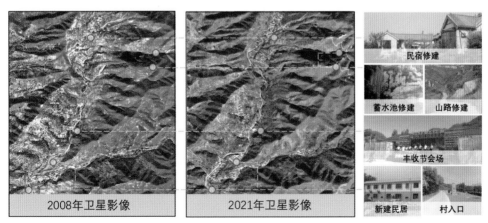

图1-4 石城子村历史事件及村落演变

1.4 社会发展

政策背景方面，在《青龙满族自治县城乡总体规划（2013—2030）》中，首先，规定农村面貌改造提升规划，大力实施环境整治、民居改造、设施配套、服务提升、生态建设五大工程。但目前石城子村环境质量较差、设施配套不全、生态整治水平不够、民居改造不足，整体实施情况一般。其次，规划乡村人均建设用地控制要求，2030年乡村人均建设用地控制在 $140m^2$ 以内。但现状是石城子村人均建设用地面积约为 $217.20m^2$，超出指标较多。最后，社会服务设施要求，中心村可配备卫生所、完全小学、老年活动设施、文化站、青少年活动。但目前除石门子村配有卫生所，其余设施缺乏，整体服务设施水平较差。整体来看，石城子村貌改造不足、人均建设用地超标、整体社会服务设施水平较差，乡村开发待集约发展，基础设施水平有待提高。

在人口与经济发展方面，石城子共有农户1058口人，2013年全村总收入为196.8万元，人均收入为2360元，属于国家级"十三五"重点贫困村。2018年，青龙县人均收入超5000元，摘掉了国家级贫困县帽子，走上了富裕之路。石城子村年产优质板栗300余吨，成为村里的主导产业，是村民收入的主要来源。其间，2012年石城子村成立了"又飘香"专业合作社，从产前的剪枝、产中的技术管理到产后的销售进行全程服务。近年来，在合作社的示范带动下，石城子村采取人工除草、施用有机肥等科学管理措施，生产优质果品，打造出了自己的品牌"石也香"。七年不打农药，七年坚持人工除草，石城子村始终坚持农业生态种植，在2019年，"又飘香"专业合作社被评为市级优秀合作社。未来，合作社还将在林下养殖、提高品质、储存、加工等环节进一步谋划，提高附加值，增加农民收入。

第2章　基地解读

2.1　村落整体概况

　　石城子村由五个自然村组合而成，包括道石洞村、磨盘山村、石门子村、石板洞村和何杖子村（图2-1）。

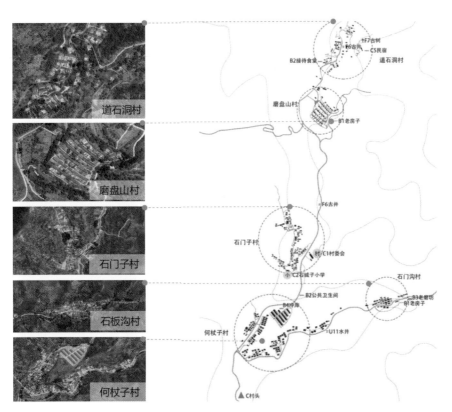

图2-1　自然村分布图

　　道石洞村：位于石城子村北端，海拔最高，高差较大，环境优美，村内建筑周边均为林地，水系为泄洪沟，场地内的基础设施较多，如摄影民宿、接待食堂，但住户较少。

磨盘山村：位于石城子村中段靠北，两侧面山，海拔较高，高差较大，村内住房集中，无水系，公共用地极少，多农产品种植，村中人口最少，因此人口流失和农作物腐烂是重要问题。

石门子村：位于石城子村中部，村庄自然地形高差起伏较大，村内住房集中，无水系，两侧面山，多农产品种植，村委会和石城子小学坐落于此，成为连接各个自然村的枢纽，该村老年人群占比大，满族人口占80%。

石板沟村：位于石城子村东南部，村子呈线性布局，老建筑保留最完善。

何杖子村：位于石城子村最南端，地势平坦，两侧山坡环绕，整体较新，有大片农田以及绿地景观，目前没有大面积硬质空地，在五个自然村中住户最多。

2.2 道路交通现状

石城子村车行道路分为两级：一级主路连接各村，二级次路为村内支路。一级入村道路宽3～4m，水泥硬化，沿泄洪沟布置。二级村内支路宽1～2m，道路无硬化，多破损。步行道路包括3条山林步道，1条位于石板沟村，2条位于道石洞村。全村共有5处桥梁，其中2处位于何杖子村，3处位于道石洞村。停车场共3处，其中石板沟村1处，磨盘山村1处，道石洞村1处，如图2-2、图2-3所示。

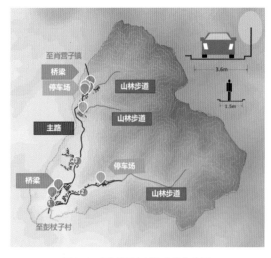

图2-2 石城子村交通现状分布图

图2-3 石城子村道路现状

2.3 公共服务及基础设施现状

石城子村域内现有公共服务设施与基础设施较少。1个村委位于石门子村，1所小学位于石门子村，1个电信服务站位于何杖子村，1个水井位于石板沟村，1个冷库位于何杖子村，4个垃圾收集点位于何杖子村和石门子村，3个公共卫生间位于何杖子村和石门子村，8个简易停车场位于何杖子村、石板沟村、磨盘山村和道石洞村。图2-4所示为石城子村公共服务与基础设施现状分布图。

总体来说，公共服务与基础设施未满足相关配置要求，且布局散乱。主要公共服务设施布置于村委所在的石门子村，中心性较强。其他各村公共服务设施相对缺乏，特别是村域北部的磨盘山村和道石洞村，距离村委较远，基本没有公共服务设施，无法全覆盖满足人群需求。

图2-4 石城子村公共服务与基础设施现状分布图

2.4 建筑风貌现状

各村建筑由于地势地形略有差异而呈现不同布局，且房屋数量、新旧程度、建筑风格、材质肌理、所属功能各有不同。对各村建筑进行了解，以便为后期改造设计提供依据（图2-5）。

道石洞村：房屋共40余户，10年左右新房占多数，呈联排布局，沿街为瓷砖外墙的新房共有五户，商业用途房屋仅民宿和村民家中的小卖部两处，另有70年老宅一处，但位置较偏僻，房屋较破旧。

磨盘山村：房屋共40余户，异地搬迁20户，目前在使用状态的房屋约不到20户，以联排房屋为主，沿街瓷砖外墙的新房仅一户，20世纪30年代左右老旧房屋居多，商业用途仅有村民家中小卖部一处，老房保护管理较差。

石门子村：房屋共60余户，多为石头与砖材质的老旧房屋，部分具有满族民居特色，村委会与村小学位于该村，但其建筑缺乏特色。

石板沟村：房屋共67户，多为半围合院落，主屋居中，多为三开间，侧厢房居西，东侧部分人家会新建另一厢房，村中保留了80年以上房龄的建筑，村西侧30户房屋几乎均为瓷砖新房。

何杖子村：房屋共67户，2/3为旧房，1/3为新房。50年左右房龄的房屋有36户，基本为木结构主体，再加以垒石；30年左右房龄的房屋有9户，多为水刷石立面并用彩画装饰，新建住宅21户，大多为白色瓷砖立面。

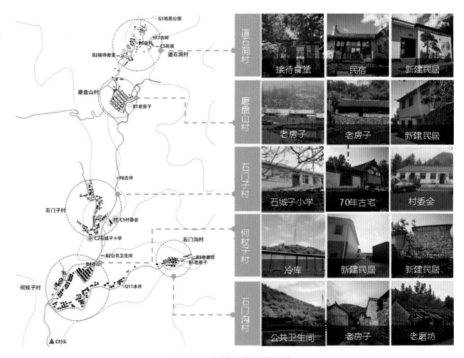

图2-5　各村建筑风貌现状

2.5 产业发展现状

石城子村位于由凉水河延伸到祖山风景区的生态文化旅游带上，农业生产与旅游观光结合，周边乡镇以农副产品加工、矿业开采加工为主，旅游度假主要以凉水河乡黄金溶洞、肖营子镇冷口温泉为支撑，周边产业同质化较为严重。

石城子村的农业以板栗为主导产业，有优质板栗2645亩（176公顷），年产量300余吨，其次是核桃，还有杏、苹果、梨等多种果树；人均耕地面积0.4亩（267m^2）、山场面积12400亩（827公顷）。二产板栗核桃加工外包，有冷库储藏；青龙水豆腐，村内有老磨坊；居民掌握多种手工技艺（图2-6~图2-8）。

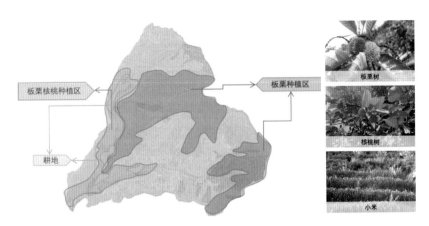

图2-6 石城子村耕地现状

图2-7 各村一产现状

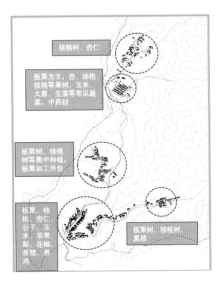

图2-8 各村二产现状

总体来看，石城子村内三产本底资源较丰富，但未能得到充分的开发利用。村域内有良好的景观与人文资源本底，农耕饮食资源丰富，有良好的康养产业基础。但特色不突出，餐饮、民宿、交通、购物、娱乐等旅游服务设施不足，无法支撑当地第三产业的发展，使其处于发展起步阶段，各类功能设施均有待进一步建设（图2-9、图2-10）。

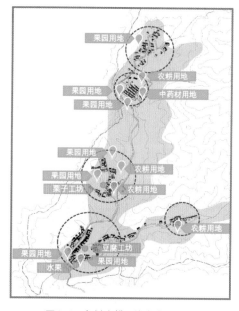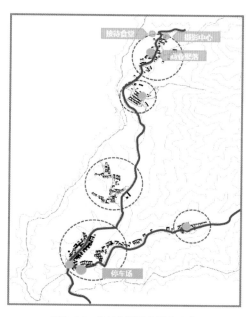

图2-9　各村农耕、饮食资源现状　　　　图2-10　各村旅游服务设施现状

2.6　生态环境现状

青龙满族自治县全境属滦河流域和冀东沿海流域，有6条河流和4条支流，13座水库。石城子村环山近水，位于荒山、磨盘山、扎古山三座山相汇聚的底部，四周群山环绕、重峦叠嶂，由于地势较低容易聚集雨水，石城子村内有一条泄洪沟，成为串联五个小村子的水系。

石城子村基本山水格局保存比较完整，大部分山水有很好的价值，同时村内沿着山脉发展了大量果树种植和部分农田，泄洪沟和地下水井、蓄水池是村落内重要的用水来源。石城子村水源属于沙河支流，水渠穿过整个村落，由北至南最后经滦河汇入渤海（图2-11）。

　　青龙满族自治县动植物数量繁多，也是国家野生动物资源研究开发和保护基地。都山、祖山是森林鸟类、森林兽类聚集地，有鸟类29科61种，兽类13科28种，爬行、两栖类7科23种，昆虫51科104种。石城子村拥有丰富的石材资源，山林、河道间密布着大量页岩、碎石、石块。无论是山涧还是河道两侧，随处能看到大大小小的碎石块，这些碎石块黄白颜色，色彩明快，自然风貌优越（图2-12）。

图2-11　石城子村水系分布图

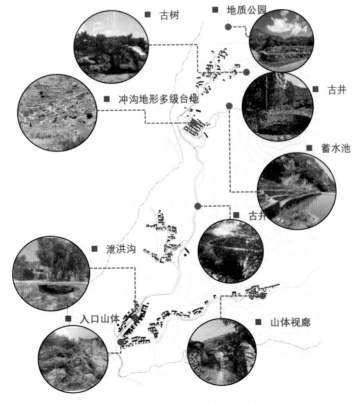

图2-12　石城子村自然景观分布图

2.7　历史文化现状

石城子村是座满族村落，其建筑、景观、人文等方面都透露着满族历史文化的气息。村子入口碑文上的满文、建筑中的跨海烟囱、景观中的串儿井、神偶和索罗杆等都是满族文化在发展过程中留下的瑰宝，为石城子村带来了独特的文化气息。石城子村的历史文化资源可以分为物质文化与非物质文化两大部分。

2.7.1　物质文化（表2-1）

（1）建筑要素。各村基本都有地域特征明显的历史古建筑，材质以砖、石为主，部分古宅为夯土建筑，并保留了满族传统民居中的跨海烟囱等特殊构造（图2-13）。

（2）环境要素。各村基本以磨盘、古井和古木为特色（图2-14）。

表2-1　各村物质文化要素

村庄	建筑要素	环境要素
何杖子村	村庄地势平坦，两侧被山坡环绕；建筑沿着泄洪沟鱼骨状排布；整体较新，建筑状况良好，无历史老建筑	一口古井，一棵200余年栗子树，在居住户的柴火垛里留存了磨盘
石板沟村	老建筑保留最完善的自然村；房屋多为半围合院落，即主屋居中，多为三开间，侧厢房居西，部分人家会在东侧新建厢房；几处80年房龄古宅，一间百年老磨坊	一棵百年古松树，一棵百年栗子树，四口串井
石门子村	石城子五村的中心地带，承载各村经济文化交流的重要作用；联排房屋较多，多为石与砖材质；有两处70年房龄古宅和百年磨坊，且保存比较完整	两棵百年栗子树，一棵不知名的古树，村北有一棵古松
磨盘山村	依山而建，房屋呈阶梯状排列，屋面有满族的传统纹样，屋顶有满族样式的吻兽；有多处30~80年房龄古宅，但基本废弃	一棵70年古树，石磨石碾各一处；周边地质资源丰富
道石洞村	石城子村的跨海烟囱相较于传统的满族跨海烟囱，工艺相对简化，但功能一致；有一处80年房龄古宅，保存现状很差	300余年古松树、百年栗子树、百年核桃树各一棵，山上有八路军住过的山洞

图2-13　村内建筑　　　　　　　　　　　　　图2-14　村内环境

2.7.2　非物质文化

石城子村非物质文化主要分为行为要素、工艺要素和精神要素。各村非物质文化要素见表2-2、图2-15。

（1）行为要素。满族传统节日，除春节、元宵节、端午节和中秋节外还存有走百病、添仓节、二月二、开山节、颁金节，节日期间一般都要举行珍珠球、跳马、跳骆驼和滑冰等传统体育活动；除此之外，还有石城子村传统的民风民俗：满族婚礼、满族说部、满族表演、猴打棒、扭秧歌、丰收节等。

（2）工艺要素。主要包括满族服饰、民间民俗手工艺和传统美食制作工艺，传统手工艺以剪纸为主，美食制作工艺以青龙水豆腐为主。

（3）精神要素。主要是对满族图腾进行元素提取与利用，如萨满图腾、满族面具、满族文化元素和制度元素等。

表2-2　各村非物质文化要素

村庄	行为要素	工艺要素	美食要素
何杖子村	满族传统节日：走百病、添仓节、二月二、开山节、颁金节等；民风民俗：满族婚礼、满族说部、满族表演、猴打棒、扭秧歌、丰收节等	剪纸	苏子叶饽饽、满族黏豆包
石板沟村		剪纸、补绣	漏粉、水豆腐、苏子叶饽饽、满族黏豆包
石门子村		织布、剪纸、柳编	水豆腐、苏子叶饽饽、满族黏豆包
磨盘山村		纺织粗布、剪纸	苏子叶饽饽、满族黏豆包
道石洞村		剪纸、柳编	水豆腐、苏子叶饽饽、满族黏豆包

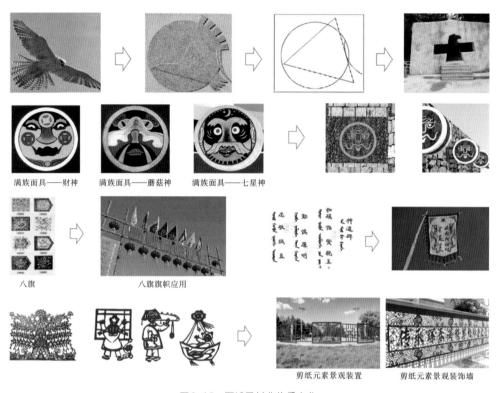

满族面具——财神   满族面具——蘑菇神   满族面具——七星神

八旗   八旗旗帜应用

剪纸元素景观装置   剪纸元素景观装饰墙

图2-15 石城子村非物质文化

第3章 总体规划

3.1 规划定位及结构

3.1.1 规划定位

石城子村乡村振兴的项目定位为"满族意蕴,石城栗乡"。

依托满族文化,营造特色场景,建文化体验流线;发掘山地优势,居民宿观星空,享疗愈康养生活;围绕板栗种植,拓展产业链线,弘绿色生态农业。打造农业研学、自然研学产业、艺术+文创主题、康居示范为一体的秀美山村。未来将打造为中国北方最具康养价值的自然生态传统村落,周边城市假日度假乡村旅游目的地(图3-1)。

图3-1 规划定位图

3.1.2 整体规划结构

结合石城子各自然村的现有文化资源以及特色地理条件,秉着差异化发展,各村功能协调、错位互补的原则,拟定"两轴、五村、五区"规划结构(图3-2),发挥"1+1＞2"的聚合效应,实现内部可持续发展。

"两轴":核心发展轴(农旅产业发展轴)、次级发展轴(满文化体验轴)。

"五村":何杖子满族文化村、石板沟艺术小镇、石门子农耕生活村、磨盘山教育研学村、道石洞山林康养村。

"五区":山林游览区、石头公园区、自然研学区、栗子农庄、农业园区。

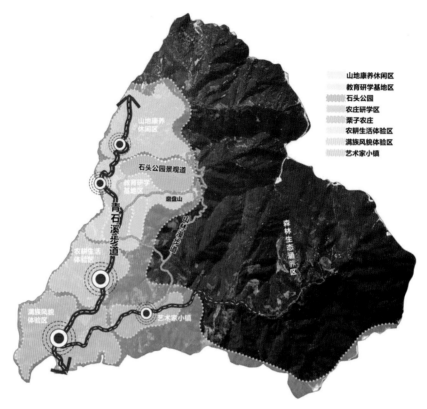

图3-2   规划结构图

3.2   道路交通规划

3.2.1   规划定位

贯彻以人为本的指导思想，以慢行交通为主导，构建功能清晰、布局合理、服务便捷，与村庄发展相适应、与生态环境相协调的绿色交通系统，促进美丽乡村建设。

3.2.2   对外交通规划

依托现有村庄主干路实现对外联系，向南联系彭杖子村，向西联系肖营子镇。同时考虑到石城子村现状，道路不易拓宽且现有道路较窄，规划设置错车带，错车带间距根据道路实际情况而定，最远不超过300m。

3.2.3　对内交通规划

3.2.3.1　道路网规划

（1）总体要求。结合现有道路状况及各自然村功能布局，形成各自独立而又紧密联系的村庄道路系统（图3-3～图3-5）。

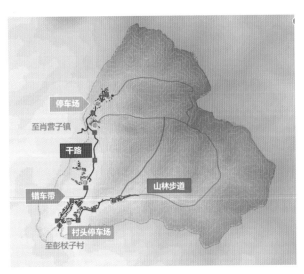

图3-3　交通规划结构图　　　　　　　　　　图3-4　道路改造示意图

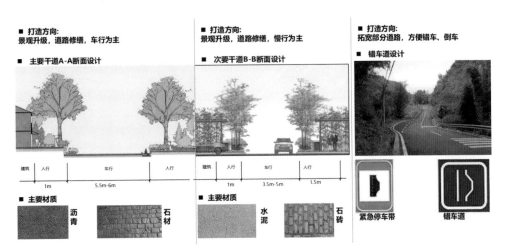

图3-5　道路整修示意图

（2）步行系统。在现有基础上，结合房屋拆迁改造，规划构筑可达性好、品质高的步行网络，有机联系整个村庄的各个角落。同时根据石城子村地形地势及现有

3条山林步道，规划山林步行系统，提高休闲、旅游、健身品质。步行系统宽度控制在1~2.5m。

（3）其他方面。对于村子的横断面规划，将统一采用一块板断面道路；对于村子的竖向规划，将充分尊重现有地形地貌，减少道路建设的工程，尽量实现土方平衡；对于村内的桥梁规划，将对现有5座横跨泄洪沟的桥梁进行改造。

3.2.3.2　停车系统规划

随着村民生活水平的提高及发展旅游业的需要，规划结合绿化、广场及零星空间设置公共停车场，有效覆盖各自然村，满足旅游交通及村民的停车需求。

在石城子村南入口处设置一处集中换乘停车场，供游客换乘使用，同时在各自然村单独设置停车场，供换乘车停靠及电瓶车换乘使用（图3-6）。

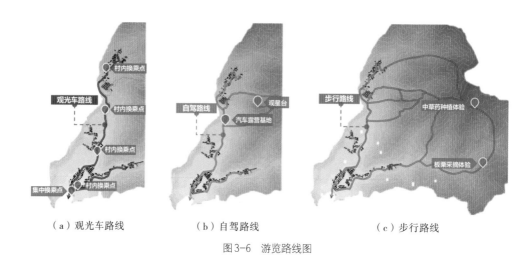

（a）观光车路线　　　　　　（b）自驾路线　　　　　　（c）步行路线

图3-6　游览路线图

3.3　公共服务及基础设施规划

全村常住人口共有690人，其规模属于中型村。参照CECS 354—2013《乡村公共服务设施规划标准》和DB13（J）/T 282—2018《城乡公共服务设施配置和建设标准》中的功能配置类型和服务范围，村域内需要新增的公共服务设施与基础设施见表3-1，各村配置见表3-2，其规划图如图3-7所示。

表3-1　规划后需要新增的公共服务设施和基础设施及其数量

公共服务设施	数量	基础设施	数量
村委	1	公厕	≥2
小学	1	停车场	≥1
电信服务站	1	垃圾收集站点	≥2
文化活动室	1	水井	1
阅览室	1	冷库	1
健身场地	1		
养老服务站	1		
卫生室	1		
生活用品超市	1		
农业合作社	1		

表3-2　公共服务设施及基础设施的各村配置

村庄	村域服务	村内服务
何杖子村	冷库 垃圾收集站点 电信服务站 超市	停车场 公厕
石板沟村	水井	停车场
石门子村	村委 小学 垃圾收集点 文化活动室 阅览室 健身场地 卫生室 农业合作社	停车场 公厕
磨盘山村	—	停车场 公厕
道石洞村	养老服务站 卫生室	停车场 公厕

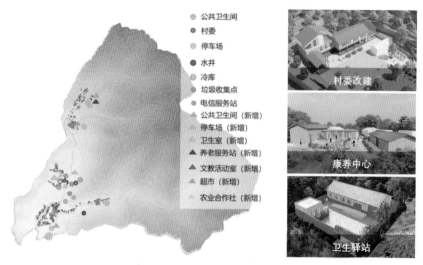

图3-7　公共服务及基础设施规划图

3.4　景观规划结构

结合石城子村的现状生态资源条件，拟定"两带、三区、五节点"生态景观规划结构（图3-8）。

"两带"：人文景观生态带、农田景观生态带；

图3-8　景观规划结构图

"三区"：磨盘山生态涵养区、荒山生态涵养区、果树林生态区；

"五节点"：满文化景观节点、原生风貌景观节点、农田景观节点、石文化景观节点、康养景观节点。

3.5 总平面功能布局

（1）何杖子村作为进入石城子村的第一个自然村，用于游客接待和体验满族文化，设置入口节点广场、游客咨询中心、满族民俗街、满族文化广场等主要节点。

（2）石板沟村作为原生文化体验村落，将居住和文化结合，设置剪纸主题民宿、栗子主题民宿，满绣主题民宿，以及文创加工坊、文化交流中心等公共空间。

（3）石门子村位于石城子村的中心地带，作为石城子五村"心脏地带"，该村将打造农耕文化主题，提供村委会、栗子工坊、丰收节广场、农耕花园等功能空间。

（4）磨盘山村基于其外围良好的山地景观条件，提供农业和自然研学基地、观星台、流水剧场、教育基地等文旅服务功能。

（5）道石洞村依托植被覆盖较多，位置较为偏远的自然环境，作为康养中心，提供食疗餐厅、卫生驿站、康疗中心、高档民宿等节点；在山中设置中草药种植基地和板栗采摘体验节点。

总平面项目分布图如图3-9所示。

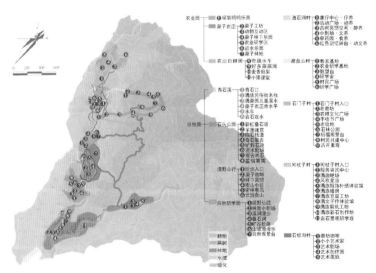

图3-9　总平面项目分布图

3.6 用地规范控制

　　根据第三次全国国土调查（简称三调）结果进行核对，拟建设项目不侵占生态空间与农业空间，坚守永久基本农田保护红线和生态保护红线。大部分项目均位于建设用地内，只有少数本就依据其生态基底，进行延伸设计的节点位于生态空间与农业空间内，如依据果园的水果采摘体验、依据原始耕地设计的自耕园、中草药种植基地、板栗采摘体验、陡坡种植、流水剧场共六个节点（图3-10）。

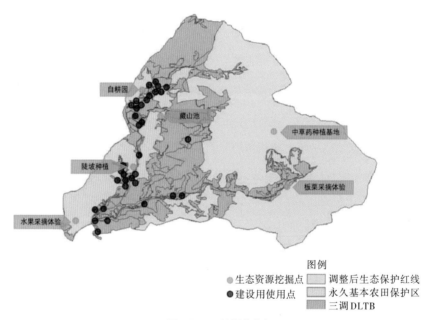

图3-10 用地规范分布图

第4章 片区设计

4.1 满族文化民俗区——何杖子村

4.1.1 场地概况

何杖子村位于石城子村最南端，其地势较为平坦，地处石城子村入口，是面积最大的一个自然村（图4-1）。该村北接石门子自然村，东临石板沟自然村，南通七道河乡，西北面山。规划区总面积110556m²，约合166亩，陆地面积约164.4亩，水域面积1.6亩。该村为五个自然村中人口最多，大批村民在3～10月还会大量外出务工。周边土地以旱地、草地、林地、果园为主，大量种植板栗、核桃、苹果，村东北为石城子村"十三五"脱贫规划的异地搬迁新住房（图4-2）。

图4-1 石城子村村落分布图

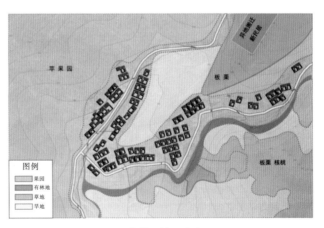

图4-2 何仗子村用地分配图

道路系统按照功能与尺度要求分为村级干道（路宽3.6m）、村内干道（路宽2.5m）、村内支路（约1.8m）、入户道路（1m左右）。道路状况普遍良好，多为水泥路面，部分路段为土路与石板路。此外，村内设有三座桥梁（图4-3～图4-5）。

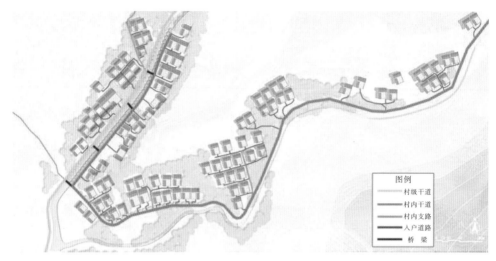

图4-3　何杖子自然村道路交通图

（a）村内干道　　　　　　（b）村内支路　　　　　　（c）入户道路

图4-4　道路状况（一）

（a）水泥路　　　　（b）土路　　　　（c）石板路　　　　（d）桥梁

图4-5　道路状况（二）

　　何杖子和石板沟自然村的景观资源较为丰富，因地处山谷水涧之下的平坦地区，整个景观种植呈现阶梯化与多样化：山地以林地、草地和果园为主，大量种植栗子树、核桃树和苹果树；山下地势较为平坦，分布着耕地、菜地与村民住宅（图4-6、图4-7）。

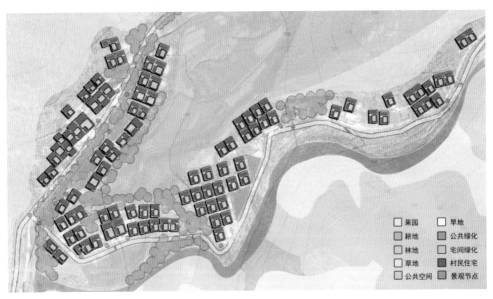

图 4-6　何杖子村景观资源现状图

（a）果园　　　　　　　　（b）菜地　　　　　　　　（c）村民住宅

图 4-7　景观资源

此外，该村沿河道分布着公共绿化带（图 4-8）、公共空间、节点空间（图 4-9）。

图 4-8　村河道公共绿化带　　　　　　图 4-9　村公共空间、节点空间

　　何杖子自然村，拥有大量传统满族民居。这些民居大多建于几十年前，结构质量较好，在建筑风貌上袭承满族民居的特征，具有很高的民族文化价值。此外，村内还有大量经村民自行改造的新式民居，其空间布局上与满族院落无异，但在风貌上存在较大出入（表4-1）。

表4-1　何杖子自然村建筑现状调查表

具体情况	主屋118座，厢房约110座	
房屋样式	满族传统风貌的旧建筑	村民自行改造的新建筑
主屋数量	75（座）	43（座）
建筑结构	 中国传统木构架结构	 砖混结构
建筑材料	 青砖、青瓦、石材、黏土	 红砖、混凝土、水泥瓦
建筑样式	 满族传统样式	 无样式
建筑门窗	 满族传统支撑窗、门板	 塑钢门窗
建筑外墙	 五花山墙、青砖墙、石头墙	 外墙面砖
建筑装饰	造型朴素，无装饰 石雕、砖雕	 手绘砖

村子的问题如下：

（1）村落建筑样式不统一，新建建筑缺乏满族传统建筑的风貌，部分老建筑较为破旧。

（2）村落道路的空间环境过于单调，缺乏设计感，不能体现满族村落的特色风貌。

（3）村落环境中缺少公共空间，无法支撑村民日常集会活动与日后游客参与的活动项目，村落功能单一。

总之，村落整体风貌上对满族文化的表达不理想，村落功能的单一限制了满族文化的传播与发展。

4.1.2 主题阐述

规划基于满族文化的保护与创新原则，将满族文化因地制宜地与当地的"石头文化"、地方产业相结合，达到自然生态、乡村经济、文化内涵的可持续发展。以满族文化乡村生活为主题，通过突出满族元素在公共空间、道路空间、院落空间、服务设施的设计，激活石城子村的满族文化属性，促进村民文化生活的繁荣与游客旅游体验的品质，最终达到满族文化的保护与创新（图4-10、图4-11）。

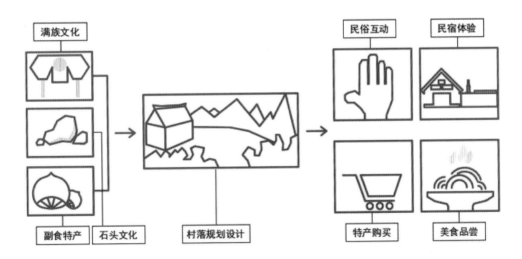

图4-10 满族文化和乡村生活主题

| 跨海烟囱 | 索伦杆 | 满族剪纸 | 石城石料 | 海东青 | 格子门窗 |
| 五花山墙 | 萨满鼓 | 萨满柱 | 萨满图腾 | 萨满面具 | 萨满神偶 |

图4-11　设计元素提取

4.1.3　总体规划

何杖子村位于两轴相交的开端，定位为商业服务中心，作为石城子村的满族风貌体验区。

何杖子村地处石城子村主要的入口，承担着主要的人流集散功能。规划要点包括完善交通流线和停车设施，并对入口节点等重要地段进行景观美化；打造的公共空间包括入口节点、满文化广场、满族民俗街、满族婚礼、剪纸工坊等。需打造的景观节点包括入口景观节点、水果采摘园、泄洪沟儿童游乐点（图4-12）。

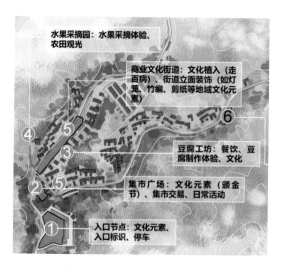

图4-12　何杖子村村总体规划图

4.1.4　景观公共空间设计

4.1.4.1　街道空间

设计重点放在道路空间的改造，从视觉感官上不仅能增添对满族文化的认知，而且置身于当地的"石头文化"。第一，加入了满族文化元素景观小品；第二，利用满族文化元素作为装饰纹样表达在地面铺装上；第三，在靠近道路的一侧增建各式跨海烟囱，三五一组作为景观节点；第四，依托当地的石材优势，在村内干道的两侧大量布置具有地域特色的景观石，并将部分道路改造成石头小径（图4-13、图4-14）。

图4-13　景观小品和地面铺装

图4-14　道路节点

4.1.4.2　村入口空间

村入口空间的营造依旧是采取因地制宜的方法，利用各式石块组成景观石、汀步，就地搭建跨海烟囱、五花山墙，作为具有满族特色的景观构筑物，使游客进村后对满族文化有最直观的感受，而穿梭于灌木、花丛、小径的满族文化元素也给村入口空间增添了些许花园式的体验，是一种文化互动的空间组合方式（图4-15）。

4.1.4.3　村中心公共空间

满族文化广场作为村中心公共空间，主要承担游客、村民的健身娱乐、休息、聚会的功能，是当地特色"青龙猴打棒""满族大秧歌"的演出场地。在满族文化的应用上，广场的铺装以抽象表达的太阳、动植物为图案元素，展示出满族文化对火与自然的崇拜，蕴藏着万物有灵和多子多孙的美好寓意。广场视觉中心的满文化图腾柱的组合展现出整个广场威严的仪式感，墙下的石台也可作为活动的祭台使用。石台两侧各伫立着三只海东青石雕，其怒翅而飞的形态是对满族文化中图腾崇拜的应用（图4-16）。

4.1.4.4　次要节点空间

各个节点空间坚持整体统一、局部不同的设计原则。整体上，各节点空间依靠满族文化物品的灵活布置来活跃空间氛围，形成整体的设计风格。局部上，根据不同空间的功能需求，确定道路节点的功能意义，具体表现为布置与所在空间相关联的满族文化特色的构筑物，赋予其标识作用。例如，在与餐饮空间相邻的道路节点空间中布置磨盘，可以使驻足的游客在看到它的

图4-15　村入口空间

图4-16　满族文化广场

时候立刻想到当地的满族特色饮食——青龙水豆腐。

各节点空间依靠满族图腾的灵活布置来活跃空间氛围，形成整体的设计风格（图4-17）。

图4-17 节点空间景观设计

4.1.5.建筑设计

4.1.5.1 院落空间布局规划

对于大多数院落而言，坚持当地原有的一正、一厢的满族院落布局原则，但对个别面积较大、房屋周边有大量空地的院落，则通过加建建筑与拆除无保留价值的房屋，结合新的空间功能需求，重新构筑新的院落布局。以改造后的一处公共空间为例：因原有院落空间布局单调，且与村域干道之间有大片空地尚可利用，故加建五座房屋，以围合的方式组成新空间，形成三个对街区肌理不造成破坏的小型满族院落的组合。最后通过内部道路对各个房屋间的系统串联使三个小型院落彼此关联，形成一个有机整体（图4-18）。

全村有两座大型院落，每户院落设 5 套客房，有套房、标准间、集体间，可满足游客们的不同需求。民宿设计上延续了当地的满族特色，如院内的跨海大烟囱、索伦杆、海东青影壁等。功能布局上分为前后两个院落：前院为菜地、花坛、家禽圈、牲畜棚，是体验满族乡村农活的场地；后院为院内住宅、餐饮空间和文化空间，如满族说部体验馆和补绣体验馆（图4-19）。

图4-18　满族民宿设计

图4-19　满族文化空间

4.1.5.2　建筑外墙的改造

对传统风貌的旧建筑以保护为主，不对墙体做破坏性改造，更好地展现满族建筑的肌理美感。对改建的民居做外墙改造。一方面复原满族建筑风貌，将混凝土、面砖的新式墙体通过外墙装饰的手段复原，也可以利用满族剪纸纹样、满族文化图腾，这类视觉效果强烈的传统图案作为建筑外墙的装饰物；另一方面，可以根据建筑功能的具体需求，改变房屋的结构，例如增加入户门，统一所有门窗的样式为满族传统风格的格子窗、格子门，扩展其功能的应用（图4-20）。

图4-20 建筑外墙改造

4.1.5.3 建筑材料的应用

对于新建建筑与添置的景观构筑物而言，建材的选择是基于当地传统的建筑材料，如石材、青砖、青瓦、泥土。这类建材既经济又环保，还能突出建筑外墙的肌理感，如村入口的"五花山墙"，以及由泥土、木料浇灌的各式烟囱，其表皮粗糙的质感也丰富了乡土气息。

根据实地考察，有户村民对满族剪纸较为精通。在规划意愿上，该户村民也希望为剪纸活动提供环境，有意将自家改造成一处剪纸体验空间。在该户建筑外墙上，保留满族五花山墙的形态布局，在细节上融入窗花剪纸元素，简约体现；外窗上以柳枝为形态，表达剪纸艺术的应用；院内的墙面布有象征剪纸艺术的镂空展墙（图4-21）。

图4-21 建筑材料

4.1.6 服务设施

户外座椅、围栏、指示牌的设计主要以石材、木材作为表达，贴近自然。而照明系统以索伦杆为设计元素，与总体氛围的形态、色彩、质感相匹配（图4-22）。

图4-22　路灯、垃圾箱、座椅、墙灯

4.1.7 满族文化体验

将闲置民居改造为满族婚礼体验场所，按照典型传统满族民居的布局方式进行设计，结合满族婚礼流程，采用喜庆元素装扮场所内外，打造具有满族特色的文化体验场所，并为游客提供婚庆场所租借的功能（图4-23）。

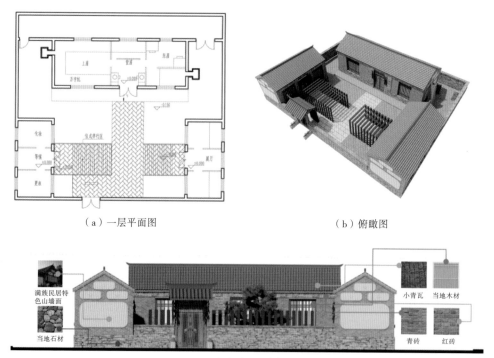

（a）一层平面图　　　　　　　　　　　　　（b）俯瞰图

（c）南立面图

图4-23　满族婚礼体验场所设计示意图

（1）改造思路。满族婚礼体验场所选择在石门子村文化体验区活动游线组织的末端，将迎亲流线与其他文化体验游线组合起来。

（2）功能布局。正房、院子与大门前区域是主要的满族婚礼举办场地，西侧是等候、化妆与更衣的房间，东侧是展厅，展示满族婚礼相关物件，如信物等。

（3）结合南侧广场设置满族婚礼体验流线，整个过程从南侧广场起点到合院正屋终点，经历了从"迎亲"到"合卺礼"共8个婚礼体验过程（图4-24）。

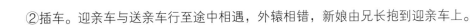

图4-24 满族婚礼体验流程

①迎亲。选定的吉时，新娘坐大红毡轿，由兄长护送。同时，新郎骑马率迎亲轿及迎亲客相迎。

②插车。迎亲车与送亲车行至途中相遇，外辕相错，新娘由兄长抱到迎亲车上。

③射三箭。新娘花轿至男家门前，新郎要对轿虚射三箭，以驱煞神。

④拜北斗。新娘下轿，跨过放置在门前的马鞍或火盆，至天地桌前，新人面北而拜。

⑤新娘再来到院中临时搭建的帐篷前，新郎用长杆或马鞭将其盖在头上的红巾挑下，放置在帐篷顶端，再递给新娘两樽锡壶，里面盛满米和钱，新娘将锡壶抱在怀中。

⑥新娘坐在帐篷中的床上，面朝吉方。

⑦这日中午，还要在院中设神桌，供奉猪肘一方、酒三盅，让新郎新娘面朝南跪在神桌前，萨满跪在神桌前，用满语唱三段"阿察布密歌"，以求子孙兴旺、白头到老。

⑧新人在接受萨满的祝福之后回到新房，由全科人（父母子女俱在的人）斟满两杯酒，新人各呷一口，然后互换酒杯，再饮一口。合合卺礼后，吃子孙饽饽及长寿面，以求多子多孙、长长久久。

4.1.8 游客中心

石城子游客中心位于何仗子村入口，在几阶陡坎上方的一处破旧的老房子场地中，场地前面是农业用地（图4-25）。设计中重点是将有趣的山地建筑形态和农业空间融

图4-25　游客中心场地现状

合，以及把游客中心、村民活动、农产品售卖和停车场融入一个有吸引力的空间。

游客中心功能包含咨询中心、卫生间、停车场、文化集市、休息区。在设计语言上，取传统坡屋面折线形式串联整个场地，在视觉上起到连续性的作用。在游客中心下方的景观上，入口处的地势较平坦，设计种植满族图腾的花境景观，中间部分为阶梯麦田景观，最上方是开放性的游客中心。在道路交通流线上，设有游客观景道路、快行道和车行道，观景平台小亭穿插在折线道路，通过观景平台可以俯瞰整个花境图腾。场地中部分长廊作为预留场地，可以根据后期的规划或者发展的需要，进行调整和规划用地，现阶段可以举行文化市集等活动，丰富场地的功能（图4-26）。

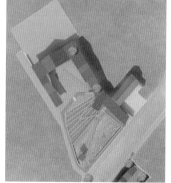

图4-26　游客中心效果图和平面示意图

4.1.9　基于村民共建的微更新改造

4.1.9.1　栗满染坊

何杖子村盛产栗子且满族居民较多，扎染能很好地将两个特色元素结合起来，栗子壳扎染和满族补绣的结合也使得空间有了更多趣味性和丰富性。形式语言沿用前面的折线房顶形式，又增加了更多的层次和变化，使得普通的晾布架也形成气势，同时形成了大面积的"布下空间"，高低错落的布料也使得空间层次更丰富。布下的石头平台更加原始自然且适合做染布等活动，桌椅也采用了较为自然原始的木材树桩等，在色彩上也能和连绵起伏的布料和谐呼应。晾布架主要材料是防腐木，成本较低，便于搭建落地，视觉效果以及空间层次也非常丰富（图4-27）。

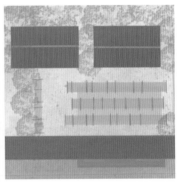

图4-27　栗满染坊效果图和平面示意图

连绵不断类似于山体的晾布架形成了空间中最主要的活动空间，左侧垂直方向的晾布架起到了空间边界的作用，与下一个空间作一个分割，与主要装置呼应，在分割两个空间的同时又具有通透性、开放性。主要活动空间与次要活动空间之间的道路正对扎染工坊，活动路线鲜明直接。空间正对的泄洪沟采用原始的当地石材搭建了一个活动平台，地面铺装以及休息座椅采用防腐木，与正对的扎染空间产生呼应。在波浪形的泄洪沟上搭建的方形平台更能突出节点空间。

4.1.9.2　风吹麦浪——麦田景观设计

在村子的入口处存有大片的自然生态区域，正处于两条泄洪沟的夹角处，整体呈包围村子的形态，从空中俯瞰，形成"怀抱村庄的麦田"的寓意。在这个特殊区域设置麦田景观，易给游人留下对这个村子的第一印象，便于打造村子满族特色及营造村子氛围，也为村内居民提供一个休闲游赏的好去处。保留现有场地的格局，增加一条东西方向的木栈道，让人们可以更自由和长久地游赏。以麦田为底色，以轻介入的方式融入游赏休憩功能和满族文化。

在田间造一个观景台让人们停留、观景、交流。让人们可以从高处俯瞰整个麦田景观，在观景台下方的空间也可供人通行和活动，增加的是人与麦田景观的互动性。观景台设计以满族特有的跨海烟囱为原型，取其下粗上细的造型，材料以镀锌钢管为骨，防腐木板为面，以简单的结构，搭配满族红黄色彩，木纹质感融合于麦田之中，且依据地形，竖立在最高处，形成整个场地的重点区域（图4-28）。

图4-28 麦田观景台效果图

4.1.9.3 索伦灯阵设计

以满族的索伦杆为蓝本设计，围合出方和圆两种类型的空间。灯阵的制作相对简单，而且保留的满族文化更加浓厚。轻体量的介入就可以营造充满满族氛围感的空间，更贴合地融入自然景观之中。人在这个空间之中，可以议事交流，也可以展开自然研学活动，保留功能上的空白，让居民和游人在这个空间里自由的活动（图4-29）。

图4-29 索伦灯阵空间示意图

4.1.9.4　岩石戏台

场地在何杖子村东西方向的支路上，该路径特别的地方在于其一侧皆为民居，另一侧都是自然岩石景观。利用场地自身岩石景观为背景，画上满族的文字图样，岩石作为舞台背景。地形自身的高度差形成两层阶梯，代表满族色彩的红黄岩石座椅错落分布在上面，这种布局模式也能使空间更有向心力（图4-30）。

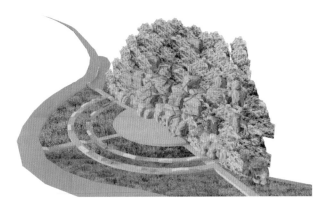

图4-30　岩石戏台示意图

岩石戏台脱离了传统意义的舞台与棚顶，岩石中的剧场往往更让人沉浸其中，聆听着自然的低语，整个戏台更像是自然的花园，在这个充满生命力的空间里，自然的野生无序与人工的几何秩序之间建立对比与融合，在这里，游人脱离城市的繁杂，自然演替的岩石戏台或许会给人新的乐趣。

4.2　农耕文化主题村——石门子村

4.2.1　场地概况

石门子村位于石城子村的中心地带，承载着各村经济文化交流的重要作用。目前村内房屋多为石头与砖砌的老旧房屋，部分具有满族民居特色。石门子村中大部分为农村宅基地，村中部有一块林地，村中还分布少量旱地，村周边是大面积果园（图4-31）。

整个石门子村在直径为500m的圆形区域内，主干道3.6m，村内道路1.5～2.3m，村内道路随山势起伏，仅两处与主干道相接，其余为村内支路（图4-32、图4-33）。

图4-31　石门子村现状鸟瞰图

图4-32　石门子村道路交通示意图

（a）主干道　　　　　　　（b）村内道路　　　　　　　（c）村内支路

图4-33　石门子村道路交通情况

石门子村共有房屋60余户，其中11座为闲置房屋，另外还有小学和村委会需要改造，公共活动空间与设施较少。村内垃圾回收点有三个，分别位于北部、中部和南部，靠近道路便于垃圾运输；公厕有一个，位于村委会旁（已进行设计改造）。村内老磨坊、废弃水井、小庙、羊圈等都可利用起来开发成为公共景观空间节点，营造浓郁的农业文化氛围（图4-34）。

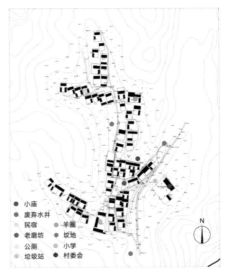

图4-34　石门子村现状平面图

4.2.2　总体规划

石门子村位于石城子村核心发展主轴和泄洪沟生态景观带的中间位置，定位为综合服务中心，作为石城子村的文旅综合服务区。规划将石门子中心广场和丰收节广场两处设为村子核心，打造包括文化游园、磨坊体验、居民活动广场等多个节点（图4-35）。

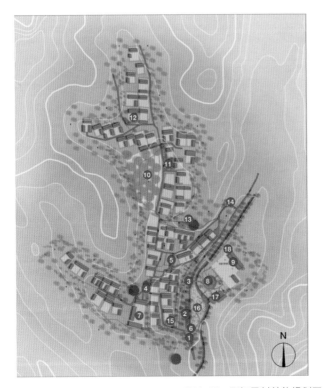

① 石门子村入口　⑪ 石林公园
② 停车场　⑫ 村民共建中心
③ 文化集市广场　⑬ 祈福观景台
④ 农耕文化广场　⑭ 古井还原
⑤ 老磨坊　⑮ 村口观景台
⑥ 公交车站　⑯ 儿童嬉戏湿地
⑦ 石城子小学　⑰ 书屋
⑧ 丰收节广场　⑱ 公厕
⑨ 村委会
⑩ 坟地

图4-35　石门子村总体规划图

北部村入口处与祈福高地相接，游客可循着信仰之路登上高处一览村域全貌，感受民风民俗。北部主要是多处明清院落，设有一个村民共建中心供居民学习技能、锻炼身体、商品交易等；村子西北面的老坟地旁设计有一个石林公园，作为村民祭拜先祖的空间，平时也可以在此处闲聊休息。百年磨坊所在的石门子中心广场是村的核心公共区域，接待游客，体现村落农业生活传统风貌；东南部为石城子小学及配套设施，小学前的空地设为广场作农耕文化宣传场所；西南部与村委会结合的广场可进行丰收节多项民俗活动，还有栗子采摘、骑马射箭等（图4-36）。

石城子村域内的公共服务和基础设施设置于石门子村的有1个停车场、3个垃圾收集点、1个公厕、1个阅览室、1个小学、1块文化活动场地、1块农业文化宣传场地、1块儿童活动场地。新增功能大多放置在村委会，作为综合服务中心（图4-37）。

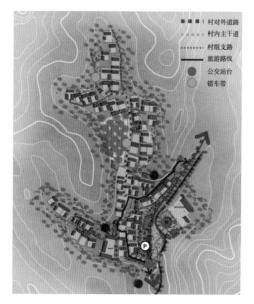

图4-36　石门子村交通流线图

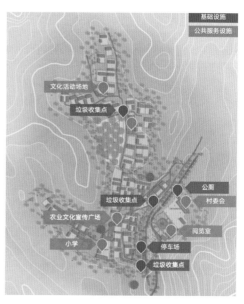

图4-37　石门子村公共建筑和服务设施

4.2.3　景观规划设计

4.2.3.1　现状调研和分析

石门子村重要节点分布如图4-38所示。

（1）车行出入口。车行主入口标识缺乏，进入感不清晰、不强烈，识别度不够，无法展现出村子的独特风格，氛围缺失（图4-39）。

（2）小学校前广场。小学校前广场为村中道路节点中空间较开阔的场地，但是由于有三条道路，主支路将空间打碎分割，整体性大大降低，行人无意识停留，空间利用率低，联结性差。破碎零散的小场地易转为消极空间，更加难以形成一个较为整体的空间，因此闲置浪费土地比较多（图4-40）。

图4-38　石门子村重要节点分布

图4-39　车行入口现状

图4-40　小学校前广场

（3）老磨坊。老磨坊屋顶老化破旧，有砖瓦缺失导致漏顶的现象，屋顶也是杂草丛生，无人修理。老磨坊周围小路有许多碎石块，而且小路坡度较陡，行走过程中容易产生危险，也不方便村中老人行走（村中最多的就是老人）。老磨坊内部杂乱破败，无人管理，大门随意开敞，窗户缺失，磨坊内部角落堆放杂物，不便于游客进入。老磨坊的周围也是较为荒芜，没有观赏带，或者休息停留区域，功能分区混乱单一（图4-41）。

（4）古树与庙宇。此处有一棵百年古树，村中的村民都十分爱护。这也是村民非常看重的村中的风水宝地，处于村中"龙头"位置，抬头即可看见这片高地。在此地被安置了两个小庙，小庙破旧简陋，由村民自主搭建。但上小庙需爬陡坡，路没有修整，处于较为原始的状态，路比较难走。小庙周围较荒芜，道路不清晰，不知道哪处可通行。空间较为开阔，站得高看得远，视野良好，无大片遮挡，但闲置空间多，"精神"氛围感缺失（图4-42）。

（5）古井。古井在车行出入口（主要是车辆），在村中有着门户的作用，应是村中较为开阔的出入口，但缺乏标识，闲置的空间也较多，没有被很好地利用。水井周围没有做安全措施，也无安全标识提示，容易发生危险（图4-43）。

图4-41　老磨坊现状图

图4-42　古树和小庙

图4-43　古井现状

4.2.3.2 总体景观规划

石门子村公共空间的分区依照功能不同主要分为活动节庆区、农耕文化区、精神信仰区、工艺研学区。

活动节庆区主要依托于石门子村的文化产业建设,以原有的文化元素加上节日为出发点,作为活动举办的重要场所。农耕文化区基于原有农业农耕文化,对旧有农耕文化进行保护、展示与宣传,设立体验区让游客更加了解其农耕文化。精神信仰区以原有保留的乡土根脉传承为主,为村民提供精神的"净化地",守护本土乡村精神信仰的同时,也传递给游客本土乡村精神的价值与力量。休闲娱乐区在节点处设计露营地,立足乡村特色,打造休闲娱乐的去处,发展乡村网红打卡点。

石门子村公共空间主要节点有特色节庆区、农耕文化广场、村民共建基地、古井还原、高地祈福、石林共舞、远眺观景台、休闲游玩区、生活集市区、公共书屋。

(1)特色节庆区。依托于石门子村的文化产业建设,作为丰收节等活动举办的重要场所。

(2)农耕文化广场。在中间枢纽点上建跨海烟囱作为核心,可在其上设计路标。磨坊顶上布置休息桌椅,从此处向下可以看到磨坊内部,形成高处与底处的视线通道。墙面布置文化展板。

(3)村民共建基地。作为村民活动中心,村民学习与创作的场所。在闲置建筑囤放干树枝柴火,在院落的中心烧火,结合附近羊圈,逢村里节庆或有游客时可以户外烧烤等。

(4)古井还原。根据老井场景复原老物件,装饰文字图片,起到科普宣传的作用。靠石头矮墙布置简易座椅,井口做围护。

(5)高地祈福。高地设置根据索伦杆元素设计的发光艺术装置,此处是村里的信仰空间,可以设计一条上山小径,并布置带有精神信仰元素的图案。向下可以鸟瞰整个村落,在此处设计观景框,可供游人打卡。

(6)石林共舞。石头从地下生长出来,可作为桌椅等,与对面墓地起伏的地势呼应,营造肃穆又柔和的氛围。村民在此纪念故人,也可日常休憩。

(7)远眺观景台。建观景平台,设计村落地图标牌。

(8)休闲游玩区。可供游客纳凉,儿童戏水。

(9)生活集市区。主要分为三个部分:满族文化墙、村民广场、生活集市。

(10)公共书屋。历史文化的记载与传承。

4.2.4　节点设计

4.2.4.1　耕读传家——农耕文化广场

由于地形限制，石门子村一直以来没有村民活动的空间。小学校前有几片被车道打散的空间，老碾坊是主路上的重要节点，将古碾坊和小学前广场结合设计成整个农耕文化广场（图4–44），扩大了石门子村的核心空间感受。

（1）手作浆坊（老碾坊）改造。百年碾坊作为石门子村传统农业文化遗产，在乡村文旅开发中如何传承和活化，是石城子农业经济发展的一个小窗口。老碾坊和室内外空间整体上联动设计，划分为老碾坊加工区、模仿加工区、品尝区。游客可以亲自观看、体验制作豆浆、米浆的过程，并在品尝区品尝（图4–45）。

将老碾坊破损屋顶修补，后墙开窗洞，使坊后平台与坊前场地视觉贯通。碾坊后面根据现状高差设计阶梯空间，作为休息餐饮区，多层次的阶梯平台营造了一种私密和闲适的氛围，使空间充满趣味性，游客可以一边在阶梯上休息一边观赏磨坊内部，具备休息、停留、观赏的功能。碾坊前下沉空间为游客提供休憩，并在中间设置磨盘体验区，供游客体验和制作手磨豆浆。对老碾坊建筑进行修复的同时，也要做到文化活化（图4–46）。

（2）生活广场。石门子村主要的村民生活广场位于石门子小学校前一条狭长的空

图4–44　耕读广场总平面图

① 老碾坊
② 户外石磨体验区
③ 户外品尝休息区

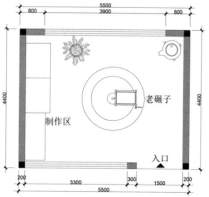

图4–45　老碾坊改造平面图

间，与对面老房前的空余空间组成一个被两条道路分开的较为复杂的T字形小广场，设计主要节点为农事亭和农闲台，小学校前空间划分入口区和停车区（图4-47）。

从老碾坊进入小学前广场需要经过一条较为狭窄的路段，为了达到引人入胜的效果，设置了索伦杆造型的路灯，路灯作为广场中心转折点，使乡村风貌形成了功能和形式上的统一；院墙高矮不一，左侧矮墙内为种植区域，可栽种不同的农作物，契合农耕主题；右侧较高院墙可种植攀爬类植物，起到柔化院墙内外的作用，使乡村街道空间充满生机勃勃的生活气息（图4-48）。经过交叉口便是农事亭和农闲台空间，地面采用涂绘农作物的形式，着重强调广场空间的农耕主题，并引导村民和游客慢下脚步，聚集在此享受农闲时节。

（3）农事亭。农事亭作为农耕广场空间内主要节点，承载着石门子村村民的生活娱乐，可作为村民休憩、跳舞、农业研学等来使用。形式语言呼应了周围折线形的建筑和山体，本土材料的使用贯穿了低造价设计原则，简易且结实的搭建方式，能够让学生和村民共同参与其中，在共同建造的过程中既能够吸引外来游人的参与，也能够增加村民的自豪感。木亭后面是农耕主题墙绘，不同农具代表不同

图4-46 老碾坊改造效果图

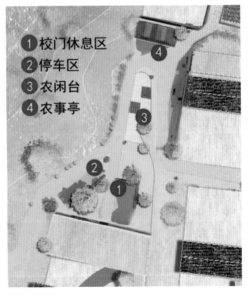

图4-47 生活广场总平面图

的农业技术和时代，与已经完成了的老碾坊墙绘相统一（图4-49）。

（4）农闲台。该场地原本空间狭长，阶梯台跨越泄洪沟扩大座椅空间，台步连接着小学校和农事亭，既可作为观看舞台表演的座椅，也可作为学生户外活动场所。踏步栏杆由两条相反的曲线组成，中间交错空间让位给一棵老树，在不过多干预现有因素的情况下，整体阶台形态连贯且自然。台步上的木箱可栽种绿植（图4-50）。

（5）小学前广场。石城子小学前广场作为整个生活广场的组成部分，需要在结合周围环境的基础上设置停车和休憩空间等。利用石头矮墙的高低关系隔出不同空间，小学校正门口矮墙和座椅形成入口停留空间；另一侧与道路相连接处划分出停车空

图4-48   生活广场和老碾坊交叉口

图4-49   农事亭

图4-50   农闲台

间。小学建筑外墙面比较单调，在下端乳白色部分，选用了麦穗和蝴蝶的插画作为墙绘图案，既映衬了农耕主题还与对面农事亭墙绘交相呼应，学生们、村民和游人共同绘制墙面彩绘，增加村民的参与感的同时还赋予了游人更多的体验感（图4-51）。

图4-51　小学前广场

4.2.4.2　内心寄愿——石林公园

将村中老墓地对面的空地清理并放置大大小小石块，与墓地起伏地势呼应。村民在墓前祭奠之余可在此处歇息闲聊，思念融于生活，提升村民精神空间质感（图4-52）。

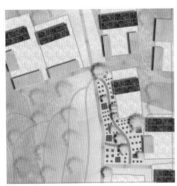

图4-52　石林公园节点图

4.2.4.3　旧时重现——古井还原

此处为另一车行入村口，有一口废弃水井，曾经村民都是从这口水井提水回家使用。设计井边休憩座椅，修筑井口维护栏杆，复原打水场景，还原历史中的农业生活状态。并设计展板展示农业生活场景及农具史料，营造浓厚的乡村人文氛围（图4-53）。

图4-53　古井还原节点图

4.2.4.4　精神所系——高地祈福观景台

村边山脚下坐落着村民自建的两座小庙，在此处上可仰望远山古树，下可鸟瞰整个村落全貌，可选择合适角度放置两个农业场景观景框。在此处竖起一片以满族索伦杆元素设计的高挑灯杆，成为石门子村的精神高地，无论是白天于树影掩映间还是夜晚灯火亮起时都颇有意境，吸引人驻足观望。上山小径以农业元素和满族图腾纹样做铺地设计（图4-54）。

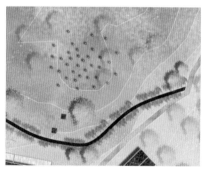

图4-54　高地祈福观景节点图

4.2.4.5　石门观景——远眺观景台

村口正对泄洪沟景观和葱郁山壁，景色随四季变换，在此设计观景平台与乡村生活取景框，登高望远，欣赏山野流水自然景色，还能感受乡野生活闲趣（图4-55）。在村入口处观景台、山脚下小庙旁等取景点竖立观景框，透明框中描摹出农业生活场景，透过观景框可以看到当地农业生活的还原。

图4-55　取景框设计

4.2.4.6　石城子村小学改建

石城子村小学是石城子村唯一的教
学场所，位于中心地段的石门子村。小
学现有的教室已经能够满足石城子村的
基本教学需求。因此本次改造不对建
筑进行大的改造，以轻干预、低成本为
主，为学校增加更多活动空间并进行后
期规划（图4-56）。

图4-56　石城子小学现状

（1）改造思路。石城子小学最大
的问题就是活动空间不足，因此改造时在原有场地的基础上加入坡道（不侵占额外
宅基地），充分利用原有屋顶空间，使学校的活动场地"竖向生长"（图4-57）。

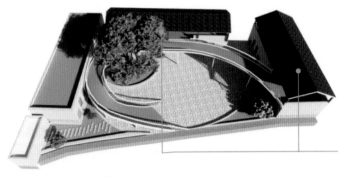

改造后

图4-57　石城子小学设计示意图

（2）后期规划。在后期，利用学校资源与研学基地联动，在小学生放假或放学期间对外开放，成为石城子村开展研学活动的重要场所，提供配套服务，如住宿、餐饮等功能（图4-58）。

①屋顶俯视节点图   ②坡道入口节点图

图4-58   节点效果图

4.3 教育研学片区——磨盘山村

4.3.1 场地概况

磨盘山村位于石城子村中段靠北，两侧面山，高差较大，村子周边地质条件相对较好，拥有较大的自然环境优势。20世纪70年代，洪水冲塌山脚下原有村落，目前整齐划一的房屋是政府帮助下新建的民居，房屋布局相对于其他自然村更加密集，公共用地极少，缺乏公共设施；路网清晰，但缺乏公共空间来对整体村落进行串联，村中缺乏活力，导致搬迁出去的住户日益增加，磨盘山村也成了石城子村中人口最少的自然村，无水系。山脚下有大面积的农业用地与林地，山上的中草药也非常丰富（图4-59）。

图4-59   磨盘山村现状

4.3.2　总体规划

磨盘山村居民点建筑形态呈行列式合院布局，在乡村民居空间体验中不具有优势。因此充分利用周边大量农田和山地自然优势，将其定位为石城子村教育研学村，规划有农业研学园、自然研学园、村民生活广场、大学生文创基地等功能。图4-60所示为磨盘山村总平面图和节点图。

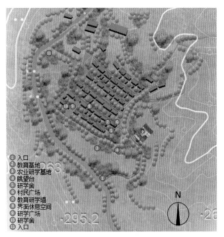

图4-60　磨盘山村总平面图和节点图

4.3.3　景观微更新改造

4.3.3.1　山居日记——观望台

磨盘山村海拔较高，该场地位于通往居民区道路交汇的一处急转弯，因此把这里设计为上下山观赏风景、驻足交流的空间。设计和施工都非常简单，沿着水泥地面向前挑出约2m木平台。该设计为了营造短暂停留休闲空间，采用拆迁房屋遗留房梁作为座椅（图4-61）。

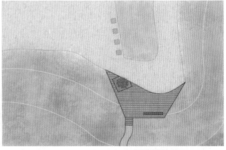

图4-61　观望台改造前后

4.3.3.2　生活广场

生活广场结合当地村民需求，解决当地村民休息共享空间。因为该村主题是教育研学，在该地设计了货物托板箱，通过独立的个体可以随意变换功能和形状，从而达到需求；同时也可以作为来研学的孩子们的共建共享空间（图4-62）。

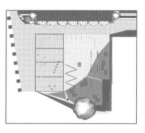

图4-62　磨盘山生活广场

4.3.3.3　研学广场

因为各种原因需要拆掉一些危房，弥补易地搬迁用房面积，留下很多废弃用地。可以利用拆迁后的空地设计出村民、学生、游客研学的空间。保留拆迁老屋的木骨架，作为老屋文化和生活空间的记忆，也是研学聚集的场所。为研学孩子们创造一片篮球场作为运动场地；在沿街入口路边解决停车位需求；沿着住宅山路的一侧挑出观景平台，人们可以在活动之余休息眺望（图4-63）。

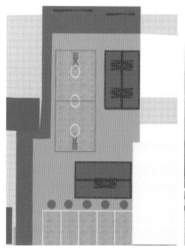

图4-63　研学广场平面图和效果图

4.3.4 教育研学中心设计

大学生文创基地项目位于磨盘山村口。基地三面环山，地形北高南低，西高东低，高差约5.1m。基地北侧现有三个三合院落，分别位于三个从西向东逐级跌落的平台之上，每个平台高差约1.7m。基地南侧为玉米地（图4-64）因现存民居长期无人居住，年久失修，经评估已属危房。大学生文创基地建筑功能包括工作室、公共交流空间、活动室、餐饮、住宿、管理等，建筑面积约960m²，可同时满足48～72人进行研修。

面对无法保留的现状建筑，如何在尽可能小地影响环境基础上实现乡村新功能的植入和地域建筑文化的传承是设计的关键。从民居到大学生文创基地，需要建筑功能和规模的彻底转变。

在空间结构方面，借鉴石城子村传统民居的院落空间组织模式，用5个大小不一、从动到静、从开放到私密的院落将文创基地的工作室、教室、活动室、餐饮、住宿、管理等不同的功能整合为一体。从东向西依次为工作间、戏台、前院、台阶座椅、坡道，组成公共交流区；由廊、中院、天井、教室组成的半公共的教学区；由餐厅、活动间、后院、宿舍组成的私密生活区（图4-65）。

① 学习区　⑦ 庭院
② 活动区　⑧ 大教室
③ 戏台　　⑨ 看戏平台
④ 工作间
⑤ 连廊
⑥ 天井

图4-64　基地现状图　　　　　　　　图4-65　教育研学基地平面图

在空间尺度方面，建筑除位于北侧的住宿部分为二层高外，其他功能都为一层，布局随坡就势，与场地三大平台相契合，将整个体量分为从西向东逐渐降低的三大部分，从北向南逐渐降低的两大部分。这种以院为单位、化整为零的方法与原有民居空间处理的方式完全同构（图4-66）。

在造型语汇方面，借鉴石城子村传统民居的坡屋顶和台地形式，采用硬山、悬山、连续坡顶等多种屋顶组合，以及多层台阶组合，从第五立面和地形角度建立了新建筑与磨盘山原有聚落的联系。

在材料构成方面，建筑墙体采用与石城子村传统民居相同的石墙砌筑，结合大片玻璃和耐候钢板，从立面材料上建立了新建筑与传统民居建筑的异质同构联系（图4-67）。

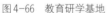

图4-66　教育研学基地

图4-67　教育研学基地鸟瞰图

4.4　山地康养片区——道石洞村

4.4.1　场地概况

道石洞村位于石城子村最北端，坐落于山林中，村落地形高差较大，环境优美。村域内存在300余年古松、百年栗子树与百年核桃树三棵古树，植物资源丰富。自然文化景观有古树、古井、八路军山洞。村北部栗树林中有水泥山林步道。村内建筑呈组团式布局，住户较少。道口洞村自然景观基本没有受到破坏，距山下嘈杂处也相对较远。适合作为老年康养地点。道口洞村房屋均沿河流道路呈区块状分布，整体房屋情况良好（图4-68）。15年内新房多，老房危房少，也有新改造民宿，如云起山房。

　　村内景观节点主要集中在泄洪沟周围，可利用公共空间面积很小。驻村老人占比高，且地处最深处，缺少活动场所及健身设施。村内公共空间不够丰富，村民对满足日常休闲需求的广场空间、绿化空间需求意愿较大，村中有一处停车场，以及一部分闲置用地，可做深入设计。

图 4-68　道石洞村鸟瞰图

4.4.2　设计主题

　　道石洞村位于石城子村核心发展主轴和人文生态景观带上，位于规划的未来山地康养运动区内，以"森林康养+"为主题，通过卫生驿站、康疗中心，山林步道、游园，精品民宿等多种功能空间的置入，依托于自然环境，将道石洞村打造为集疗养、动养、食养、文养、静养多种功能于一体的新型康养中心。

4.4.3　总体规划

　　道石洞村交通闭塞，仅有南侧唯一出入口，村支路路面较窄，道路破损。为完善村内道路体系，在现有村路基础上建设错车道，并对人行道路进行硬化处理。规划在村头设置 900m² 停车场，作为观光车停靠及电瓶车换乘的站点，并在村东侧设置一个 16m×24m 的回车场，解决道路尽端回车问题。由于道石洞村位于人文生态景观带上，因此在村域旅游路线上设置如地质公园、举办开山节的中心广场、自耕园等公共活动节点空间；同时借助于村子四周森林环绕的自然优势，在村子北部与东部建设山林步道，提供健身、采摘等体验。石城子村域层面规划落在道石洞村的公共服务及基础设施有1个停车场、1个卫生室、1个养老服务站、1个公厕（图4-69）。

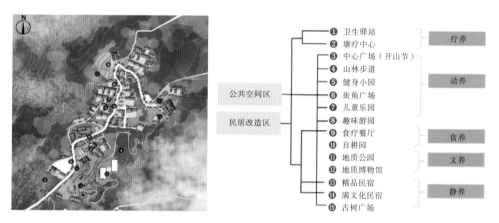

图4-69　道石洞村总平面布局

4.4.4　景观微更新设计

依据道石洞村的区位优势（林深之处，远离城市喧嚣，环境幽静）、地形优势（山谷之间，高差变化较小，地势较缓）、生态优势（绿意之中，植被覆盖面积大，树种多），结合森林康养主题，衍生出疗养、动养、食养、文养、静养"五养"概念，针对不同概念打造不同的景观空间体验（图4-70）。

图4-70　景观微更新设计节点

4.4.4.1 疗养·康疗中心

村入口右侧支路场地上有一片废墟，是刚刚拆除的院落，平整空旷，这片场地成了道石洞村不可多得的平整空间，将这里规划改造成康疗药浴和卫生驿站相结合的多功能场地。由于投资有限和建筑面积有限，康疗中心现阶段只提供简单的药浴、泳池和卫生驿站。

具体的设计布局则是，场地前部的一排建筑兼备了男女换衣室和卫生驿站的功能。建筑后面是幽静的竹林，其中散落着几处药浴浴池，它们被竹子很好地包围起来，最大程度上保护了游客的私密性。竹林后一处大泳池，游客可以一边在泳池中嬉戏一边欣赏远处山峦的自然美景（图4-71）。在改造过程中，要与当地居民进行充分的沟通和合作，使用本地中药作为康养药浴中心的原材料，促进当地经济发展。

图4-71 康疗中心改造前后

4.4.4.2 动养·村民活动广场

村庄中段的主路旁有一小片空地，是村子难得的路边平整空间，设计改造为村民活动广场。这块场地形状为不规则的多边形，为了使其最大程度发挥作用，基于低投入、微更新原则，沿场地边缘设置回形廊架。廊架形式延续折线廊形态，这种形式语言各个村落相互呼应。廊下设置多处座椅，方便村民在此处纳凉休息。地面铺装采用鹅卵石，在与村庄水泥路面区分的同时，也起到足底按摩的作用（图4-72）。

图4-72 道石洞村村民活动广场改造前后

4.4.4.3　文养·小剧场

场地位于村里人流密集区，狭窄的几级陡坎、过道旁的大石头增加了这里灵动的空间氛围。设计以文养概念的小剧场为主题，活动及日常都可以使用，节日活动时可以搭建露天电影，日常生活时可以休憩聊天（图4-73）。

跟随村民走过这条路时，发现狭窄的过道需要左绕右绕，有些地方甚至很陡峭，腿脚不便的老年人走这条小道很是费劲，因此在区域入口做直达向下的阶梯。左边阶梯作为观赏区设置靠背和座位，右边靠近泄洪沟的地区有一个平台，可作为舞台区及广场区，有活动时可以搭建表演台，日常使用时可以作为小广场，人们可以在这里自由活动。由于地处村民生活区内，在场地中开辟向下的小道做洗衣台，村民可以在此地洗衣劳作。

图4-73　道石洞小剧场改造前后

4.4.4.4　食养·草药采摘园

设计场地沿村主路一侧，现状为高差较大的梯田种植。规划为中草药园，并与旁边规划的食堂结合形成食养概念。场地左边有小路可以直通上方道路及田地，稍加修整，为上下漫步增加便利。右边为阶梯状种植空间，作为中草药园。值得注意的是，场地的阶梯状空间最上面有未打理的小平台，把这里利用起来作为一个赏景休憩的地区，目的在于将这个中草药园作为一个可休闲赏景、可学习研究的地方，既有疗养作用，又有科普意义。中草药可以作为菜品，也可以作为村中规划的疗养中心泡浴用的中草药，最后的残渣又可以作为新的中草药苗的有机肥，实现利用闭环（图4-74）。

图4-74　草药采摘园改造前后

4.4.4.5　静养·古树冥想空间

冥想空间位于道石洞村现有民宿门前三棵百年古树下，虽然占地面积不大，但是此块场地由多层阶梯组成，上下高差高达10m。上层空间通过设计观景矮墙，将两棵古树中间的空地串联起来，人们可以靠在这里眺望对面的山地景观。在古树下的观景平台上，放置石头座椅与石桌，村民可以在此处下棋、聊天、乘凉，甚至观远山。下层空间相比上层空间人流较少，较为安静，周围多植被覆盖。围绕栗子古树，设计螺旋形冥想空间，以道石洞村特有石材制成的挡土墙为背景，在螺旋形空间中加入石头座椅，使游客可以坐在古树的树荫下思考冥想。树池采用金属制作，使石材与金属两种不同属性的材料相结合，民宿门前核桃树下设计相同材质的圆形树池，使其与冥想空间相呼应。两树中间空地可用来开展篝火晚会，增加民宿游客和当地居民乐趣体验（图4-75）。

图4-75　古树冥想空间改造前后

4.4.4.6　文养·红色记忆讲台

八路军伤员洞是远离道石洞村的景点，距离村子有一刻钟步行路程。山洞是一个半包围小空间，有天然水源。规划利用这个山洞原木的红色文化基础，将其进行改造，打造成一个红色文化教育基地。

　　首先，修缮山洞，增加照明设施和安全设施，建立一个讲台，用于举办小型文化活动。其次，可以在山洞内设置展览区域，展示道石洞村的历史文化和红色革命精神，让游客了解和感受到村子的红色故事。通过这些改造，山洞红色讲台将成为道石洞村的一个文化节点，为村庄注入新的活力（图4-76）。

图4-76　红色记忆讲台改造前后

　　通过对道石洞村康养主题的改造，希望道石洞村能够吸引更多的游客和投资者，促进村庄的发展。同时，注重基础设施建设和环境保护，为村庄的可持续发展奠定坚实的基础。乡村改造不仅是对村庄的一次提升，更是对村民生活质量的改善，为他们带来更多的发展机遇。

4.4.4.7　垃圾站改造

　　村子里有一些垃圾站现在已经废弃，无人问津，通过设计赋予其新的功能。垃圾站的位置一般都设在路边，而这个场地空间功能单一。设计概念：将地域建筑文化和当地自然环境相结合来建造书屋，给乡村提供一个交流、学习的地方。功能设计：垃圾站的改造分为三种形态：小型图书室、带顶棚公共休息区、无顶棚休息区。使用人群：休息的同时看看山水景色的亲子家庭；放学相聚写作业的孩子；吹着山风读书的行人；一起聊天休息的村民（图4-77）。

图4-77　垃圾站改造后

4.4.4.8 "树"卫生间

整个村子严重缺乏公共卫生间。利用道石洞村树林多的优势，卫生间设计围绕大树展开，也是对传统如厕方式的一种现代回应（图4-78）。打破传统卫生间固有形态，空间创新的同时结合当地石材，形成当地独具特色的风景。结合沼气收集技术，整体实现材料当地化、能源可持续化。

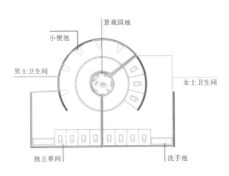

图4-78 "树"卫生间平面图和效果图

4.4.5 建筑改造

4.4.5.1 卫生驿站

为改善居民生活质量，提升居民卫生医疗水平，同时为后期的康养中心定位提供诊断服务，规划于村子南端村口处对原有老旧建筑进行改造，设立可服务于磨盘山村与道石洞村两村的卫生驿站。设计在完整保留原建筑轮廓的基础上，将其划分为应急防控与日常就诊两部分，满足居民就医需求；并加建独立公共卫生间，完善卫生驿站的基本功能需求（图4-79）。

图4-79 卫生驿站效果图

4.4.5.2 食疗餐厅

为打造"森林康养＋"的品牌主题，实现食养的功能定位，依托场地北侧原有老建筑，设置可为疗养人员及当地村民提供营养餐饮的食疗餐厅。在完整保留原建筑形态的基础上，借助墙体围合，增加可变室外空间，实现食疗产品边展边销的空间需求。建筑立面运用当地石材与传统土墙，宣扬满族文化特色，并保留跨海烟囱，增添空间氛围感（图4-80）。

设计策略：首先，对原有建筑进行保留，并识别出主要人群的来向；其次，借助新建体块对用餐区域进行扩展，以满足食疗餐厅的空间需求，增大经营规模；最后，借助当地石材与传统土墙的工艺建造院墙，并对新建体量进行开敞处理，置入菜园绿地，满足食材需求的同时，实现室内外环境的交融（图4-81）。

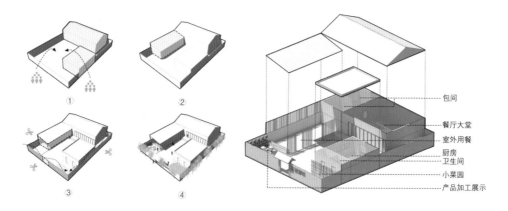

图4-80　食疗餐厅设计示意图

图4-81　食疗餐厅效果图

4.5 艺术家小镇——石板沟村

4.5.1 场地概况

　　石板沟村是石城子村中老建筑保留最完善的自然村，但由于部分建筑长期无人居住和修缮，很多老屋遭到一定程度的破损。整体上，房屋的瓦顶、石头墙等地域性元素突出，随坡就势的道路形态肌理和错落有致的民居形态，使很多摄影爱好者到此取景。目前村内缺乏公共空间和停车场地（图4-82）。农民收入主要以种植业、畜牧业为主。村中养殖有小黑猪与山羊。村内自然资源丰富，生态环境好，存有三棵百年古树和极富地域特色的天然石材。

图4-82　村里现状

4.5.2 规划策略

　　由于石板沟村位于石城子村较为偏僻的支路上，老屋和街道空间保留较为完整。考虑未来多样化的文旅发展路线，该村定位为艺术家小镇，期望吸引艺术家前来居住、生活和创造，为石城子村发展艺术研学奠定基础。目前的景观空间节点以艺术为主题，分为磨坊咖啡休闲区、艺术剧院、小小艺术家、创作园、艺术交流区和艺术家居住区（图4-83）。

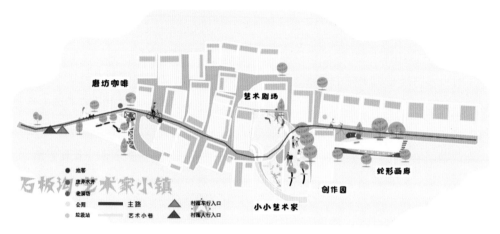

图4-83　石板沟村景观规划图

4.5.3　具体空间设计

4.5.3.1　磨坊咖啡站

石板沟村内有一处历史长达百年的破旧磨坊，磨坊用最传统的石材筑成，是石城子村内具有历史价值和文化价值的珍宝。遗憾的是，老磨坊近期坍塌。如何保留传统老磨坊记忆，同时给艺术家和村民创造一个休闲空间？新的功能"磨坊咖啡站"融合老磨坊的记忆和现代休闲咖啡空间（图4-84）。利用废弃的木桩重新搭起来老屋，修复老磨坊的骨架，内部放置老石磨（图4-85）。下沉的空间利用地势错落营造玻璃幕墙咖啡屋，侧面墙利用铝片营造声音和光波，让历史感和现代感新旧交替。此处高大的树木较多，在炎炎夏日，户外咖啡会使人感到阴凉、舒适（图4-86）。

图4-84　磨坊咖啡站平面示意图

图4-85　老磨坊记忆　　　　　　　　　图4-86　磨坊咖啡站效果图

4.5.3.2　艺术广场

艺术广场共分为三个节点：艺术剧院、创作园、小小艺术家，整体设计采用当地元素，与色彩艺术碰撞，在三个空间用等高线流线串联不同节点，街道上点缀色彩喷绘和草坪绿化，让整个广场焕发出新生机（图4-87）。

图4-87　石板沟村艺术广场

（1）艺术剧场。场地位于石板沟村中心的一片平整空间，位于艺术家工作室和村民住区的交汇处，这里将打造艺术家交流的空间，村民和游客共享的舞台。鲜艳的地绘，打破了沉闷的环境；中心插入的草地绿植，在一片硬质地面上感受到环境共生。整个剧场包括放映的幕墙、可以坐下休息的错落台阶及可以随意移动的彩色小凳（图4-88）。

图4-88　艺术剧场效果图

（2）创作园。顺着流线形成曲墙界面，限定了外部杂乱的环境。随着场地动线地面铺设两个展台，上面放置农耕艺术小品，给整个创作园带来一些乡土气息。创作园不仅加入了当地的文化习俗和农耕产品，而且极简的木框架和石头围墙界定了望山景观主视线（图4-89）。

（3）小小艺术家。艺术剧院的对面是小小艺术家——孩子们进行艺术创作和娱乐的空间，小朋友顺着滑梯滑入沙坑之中，或是从两边的阶梯进入场地。场地中设置村民们用当地木料制作的儿童攀爬设施和跷跷板。与马路交汇处种植植物，将儿童区域和公路隔离开，其中的植物配置和花镜设计，在保证儿童身体健康的同时，又兼顾了美观。绿植中放置儿童声音探索仪器，绿植和儿童设施有机结合（图4-90）。

图4-89　创作园效果图　　　　　　　　图4-90　小小艺术家空间效果图

4.5.3.3　画廊

艺术家工作室前有一片陡坎荒地，将场地改造为艺术家交流区域（蛇形画廊），采用钢框架支撑，上方铺设有铝片，以此形成宛如鳞片一样的造型艺术。艺术家可以在画廊空间进行艺术交流和休息。前方的古窖和水井整合在一起，与艺术画廊形成新旧对比而成为亮点（图4-91）。

图4-91　艺术画廊平面图及效果图

4.5.3.4　民宿改造——老房子的新生命

改造对象是石板沟村的一座两进院的老宅，与艺术剧场一墙之隔。基于原有老房的形态，结构上加以维护和加固，建筑功能符合现代人生活需求。迎羽居作为一个两进的大院落，考虑其设计服务定位为酒店式客房，方案设计了大面积的公共空间，为住客提供餐饮、饮茶、咖啡吧、书吧等综合性服务设施。出发点有二：其一是迎合紧邻的艺术主题广场，除了为艺术家提供服务，还可以面向其他游客；其二是可以举办主题性的艺术文化沙龙，在客房没有入住客源的情况下，最大限度地利用空间，提高经济效益（图4-92）。

图4-92　民宿改造效果图

石城子村的核心广场空间位于青石溪主轴线上，石城子村村委会前大片空间，这里是村民举办节庆活动、聚会及接待外来人员的重要场所。因此，中心广场景观设计应考虑如何突出村民和外来人员的各自独立性，还应考虑其共同使用的公共空间特性，与此同时，还要提高石城子文化特色和农业特色。

5.1　场地概况

整个设计场地在石门子村部周边的公共空间，其范围包括村委西南部、南部区域的公共空间，设计面积约1.3公顷。场地周边地形起伏较大，两侧面山。在交通上，交叉主口和入村楼梯口与村域主干道相接，交通便利。泄洪沟形态与道路方向一致，由南向北从石门子村村委会门前穿过，形态平直，并紧邻一级乡道，对景观风貌的影响比较大。石门子村内部的植被主要分布在村域两侧的山上以及村域内部的道路两侧，以板栗为主。农作物主要有玉米、高粱等，还有野生草本植被生长，主要分布在村主干道左侧和右侧的大片下沉区域，总体植物景观较为杂乱，缺乏系统性规划（图5-1）。

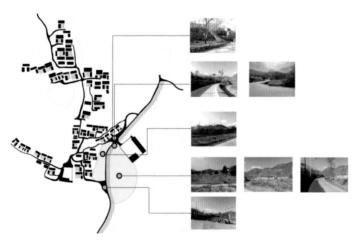

图5-1　石门子村场地现状

在对石门村进行现场勘察之后，发现其场地现存许多问题，主要体现在三个方面：一是乡村公共空间大面积处于荒废状态，野草丛生，未能得到很好的利用；二是对农业文化的重视程度不够，其优势未能得到发挥；三是该村产业线比较单一，产业升级比较困难，要想发展乡村经济，亟待完善旅游业（三产），激活乡村经济。

5.2 总体规划

5.2.1 设计主题

石城子乡村景观设计改造时秉持着"轻干预，低造价，低技术，微设计"的理念，采用当地的材料形成自然简约的设计风格。其中"低技术"是回归自然和传统的技术，当地人容易施工的建造技术。设计的主题围绕满族文化、栗子文化、丰收节及石头文化展开。

5.2.2 总平面布局

场地被青石溪划分两个主要空间：栗园和满园。

栗园有丰收节广场和栗子工坊。栗子工坊让游客可以看到栗子的加工过程。山上大量的栗子树，可以作为栗子采摘区，增加游客的体验感。

满园主要由村民客厅、满族文化墙和儿童乐园组成。为石城子村村民设置一个露天客厅区，延续乡村的传统聊天议事的方式，在邻近村民居住区的地方划分出一些空间，放置一些廊架供村民休息和交谈。由于石城子村是满族村落，满族文化园区让游客可以体验到满族文化的魅力。考虑到村里未来会接待大量的游客，在满族文化区划分出停车场。石门子村入口处设置标识牌，方便引导游客。儿童游乐区可以设计一些适合当地乡村的游乐设施供当地和游客小朋友玩耍。对村子原有的泄洪沟做一定的防渗处理，利用当地的地形高差活化这片水域，并对场地进行一个串联，如图5-2、图5-3所示。

在设计的形式语言上，场地中心的圆形丰收节剧场作为石城子村村民活动的核心空间，山脚下方形的栗子工坊围合出新的空间界面，线型的满园和村民生活广场营造出欢乐的生活气氛（图5-4）。

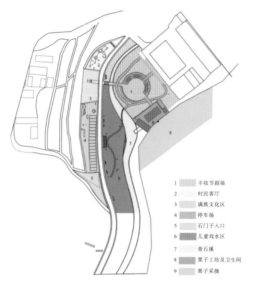

1 丰收节剧场
2 村民客厅
3 满族文化区
4 停车场
5 石门子入口
6 儿童戏水区
7 青石溪
8 栗子工坊及卫生间
9 栗子采摘

图5-2　总体规划功能分区图

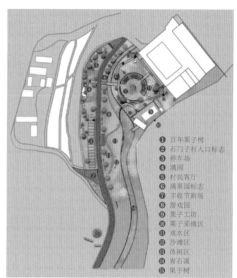

① 百年栗子树
② 石门子村入口标志
③ 停车场
④ 满园
⑤ 村民客厅
⑥ 满果园标志
⑦ 丰收节剧场
⑧ 游戏园
⑨ 栗子工坊
⑩ 果子采摘区
⑪ 戏水区
⑫ 沙滩区
⑬ 休闲区
⑭ 青石溪
⑮ 栗子村

图5-3　总体规划平面图

图5-4　总体规划鸟瞰图

5.2.3　园区路径

　　园区路径主要分为四条：连接村子南北两端的村路；连接满园和栗园的主路；栗园和满园内部的小路，其中坡道可以方便老年人和残疾人使用。整个园区内的路径主要结合当地的地形高差来设计，尽量不改变之前的地形地貌。游客在当中行走，可以体验山地坡道和楼梯陡坎的感觉。丰收节广场为统领整个空间的核心，承担连接其他主要节点的功能。交通设置上，对于满族文化园、新建石城子村综合服务中心（原村部改造）和栗子工坊都相应设置了可以直达的主要道路，其余道路以广场圆环为核心分散布置，形成较为轻松的曲折乡间小道（图5-5）。

西部由广场延伸出去的石板桥节点是连接满园和栗园的纽带，对应着海东青标志和栗子树。海东青是满族古代的图腾，栗子树应是石城子今天的图腾，因此也是过去与现在甚至未来的纽带。以现代简约的造型和混凝土的材料保证了较低的造价和施工工艺，二级下沉的设计使其与道路形成边界，也使人进入空间更有仪式感，并且所选位置更便于村民进入广场（图5-6）。

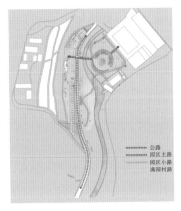

图5-5　交通分析图

图5-6　满园和栗园之间的石板桥

5.3　分区设计

5.3.1　丰收节广场

由于石城子村是举办青龙县农民丰收节的活动场地，因此在核心空间设置丰收节剧场。未来希望可以满足村民日常交流、跳广场舞等活动需求，还可以作为节庆活动、露天影院及举办满族婚礼等活动场地（图5-7）。

图5-7　丰收节广场鸟瞰图

　　丰收节广场是以圆形为基础，草坪为地铺，内部以石门子村Logo为核心，向外发散不规则页岩石片形成由硬质的岩石到柔软的草地的渐变效果。少量的硬质铺装既保留了农村自然风貌，也满足了不同天气条件下广场的可使用性。观众席以草坪起坡形成三级座席，座位以当地石块以及木板为原材料，与周围环境能够自然融合。广场外围以透水混凝土封边，强化了广场边界感，也形成了可供行走的坡道（图5-8）。广场入口节点由村委会原广场向外延伸形成，地铺选择与村委会广场一致，体现出村委会广场的发展和延续，以坡道与楼梯两种入口形式解决丰收节广场与村委会广场的高差问题，满足不同群体需求，提升可达性，为村民进入广场提供便利（图5-9）。

　　围绕丰收节广场设置三棵栗子树，根据其所处的位置具有不同的氛围特性。第一棵树位于村委会主轴线之上，与栗子培训中心遥相呼应，因此具有较为庄重的气质，以简约的石墙承托出栗子树，显示其重要性，突出其功能特点（图5-10）。

图5-8　丰收节广场地铺设计

图5-9　村委会广场进入丰收节广场地面铺装设计

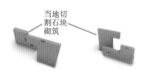

当地切割石块砌筑

图5-10　第一棵栗子树

　　第二棵树位于栗子工坊的轴线上，且处于河滨草地之上，具有良好的观景条件，因此设置环椅作为观景和休息的节点。黄色是满族主色调，能为广场增添活跃的气氛，同时也衬托出此栗子树较为轻松的氛围感（图5-11）。

第三棵树位于满族文化墙轴线上，且是三棵树中的制高点，因此也具有较好的观景条件，希望它能够与满族文化墙产生联系，设置栗子架环绕，既能方便村民和游客进行栗子采摘，增加广场内可参与性活动，也可作为观景台，观赏广场自然景色和遥望满族文化墙。钢结构与明亮的黄色搭配具有较为现代的活跃气质，也能与环椅相互呼应（图5-11）。

钢结构+
明黄涂色

图5-11　第二棵栗子树

钢结构+
明黄涂色

图5-12　第三棵栗子树

5.3.2　童趣活动区

儿童活动区以细沙为整体地面材质，可供儿童随意游玩，呈现出轻松愉悦的氛围。分布在沙地中的无动力装置如秋千、独木桥、攀爬架等均为简易的木结构，可拆卸，便捷性高，成本低廉，满足未来该场地的不同活动用地需求。沿路设置座椅和植被绿化，可为家长孩子提供休息观景区域。滨水游乐区以切割的大型岩石体块组成亲水楼梯，形态自然，突出了石门子村岩石的特色（图5-13）。

图5-13　儿童活动区

5.3.3　满园

5.3.3.1　方案一

满园入口的满族文化墙是一个海东青图案，面向村委会广场，用混凝土块堆砌而成，位于栗园的轴线上，在视觉和空间上形成指引的作用，作为满园的一个标志。并且利用村中的石头雕刻或绘制满族图案散落在满园中，形成多自然、少人工的满族园，突出石门子村的特色（图5-14）。

在满族文化互动装置设计上，将满族文化符号雕刻于混凝土块上，这些图案取自满族常用的符号，并在相对应的反面刻有满族文化符号的汉字意思，让人们了解满族图案的同时又具有一定的趣味性，在旁边还有散落的混凝土块，可以提供给游客及村子里的孩子自行雕刻和彩绘，让人们更深刻地体验满族风情，还可以充当座椅。图5-15所示为满园文化墙和座椅设计。

图5-14　入口的海东青文化墙　　　　　　图5-15　满园文化墙和座椅设计

5.3.3.2　方案二

满园位于石城子村村委会广场对面，呈条状。西面是村内原有的石头墙，属于半围合状态。东面是村子的主路，比较开放。场地平整。适合打造一个既可以聚集村民又能宣传村内文化的公共设施。从满族文字"福"字提取灵感，保留原有的曲线、圆形和直线，将它的笔画拆分重构，从平面上打造出石城子满族特色，而中间断开的地方正好是一个海东青的雕塑。在旁边地面上，也设计了满族文字铺装作为呼应，营造出文化的氛围。还设计了不同高度的桌面，呼应了场地内不同的高差，为整体设计带来了一丝趣味，也可以给村民们提供休憩、聊天、办公等场所（图5-16）。设计的高度有0.4m、0.8m、1.2m和2.5m。大部分是1.2m以内的，这形成了高低错落的半围合空间，同时也保证从广场方向看过来的视野通透性（图5-17）。

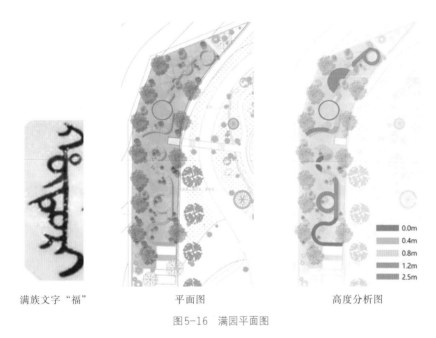

满族文字"福"   平面图   高度分析图

图5-16 满园平面图

图5-17 满园鸟瞰图

在材料的选择上，有两个方案。第一个是采用钢材作为支撑，树脂玻璃作为桌面材料。效果通透轻盈，与环境融合较好，整体连贯。第二个是采用钢材作为支撑，麻绳和半透明阳光板作为桌面材料。也可以达到通透轻盈的效果。麻绳作为高度变化处的连接，容易实现。低矮处还可以作为孩童攀爬区域（图5-18）。

图5-18　满园装置设计

5.3.4　村民客厅

在靠近石门子村居住区的陡坎下面，给当地居民创造一个方便聚集交流及休憩的场所，开放简约式雨棚廊架与树木穿插结合，也有遮阳的作用，符合村子自然、淳朴的乡村风格。廊架的颜色选用满族主色调黄色，也代表乡村的生机活力。廊架的形态选用规则的折线形态，与满族文化墙对称分布，使满园在视觉上与栗园更加统一。黄色钢架围合出交往空间，不破坏原有生活区空间形态。在栗子工坊的户外制作区也有廊架相呼应，与栗园的轴线在空间上相统一，将满园和栗园联系起来，整体性再次加强（图5-19）。

图5-19　村民客厅

5.3.5 村公交车站

设计理念基于石城子村的地域特征又面向未来。石头、树木等天然的材料象征村子的原始与自然，钢架串起这些材料，通过材料的对比来表达村子追求现代生活的同时不忘传统的态度。村子原有的石头堆砌的石墙围合树与座位，树枝组成的篱笆围合石墙。石材带给人安全稳重的感觉，而篱笆则带来细腻通透的质感。游客靠着石墙等车，树叶挡住火热的太阳，阳光透过篱笆的缝隙，地上条条细影，给乡村车站创造了一幅宁静、美好的画面感。它的落成会激发石城子村的公共空间活力（图5-20）。

图5-20 公交车站效果图

5.3.6 栗子工坊

以板栗种植产业为主导，发展加工产业和休闲旅游。打造集农家体验、农业观光、生态休闲、产品出售等多功能于一体的综合型乡村农庄。以板栗农产品为中心的板栗农庄，逐步发展板栗与当地食材相结合的特色餐厅、板栗种植体验活动区域、板栗加工参观工坊、板栗农副产品加工。以板栗种植第一产业为主导，发展加工第二产业和休闲旅游第三产业。

大量的栗子、核桃种植，可以发展栗子农庄经济产业链。建立栗子加工以及栗子衍生产品生产，如栗子壳纸、栗子壳手作工艺品等。充分利用石城子栗子产业优势，打造出独特的石城子栗子农庄系列旅游产品和项目。通过三产融合打造石城子村创意休闲农业旅游时尚新地标。

栗子工坊平面图中，建筑面积大约170m^2，占地面积约470m^2。从它的功能分区上来讲，三块大石头分别对应着加工坊、体验坊和卫生间。核心是加工坊和体验坊。其次是相配套的户外加工区、户外体验区、展示区、洗漱区、采摘区的功能空间。不同的功能分区满足了村民们和游客不同的需求。黄色虚线框出的部分，可作为未来发展空间，在未来会为栗子工坊添加更多发展的可能性（图5-21）。总体来讲，栗子工坊的设计形式是以现有的地形条件为基础，促成视线交汇的中心点，且正好与周边的村委会、栗子山及周围环境相协调。

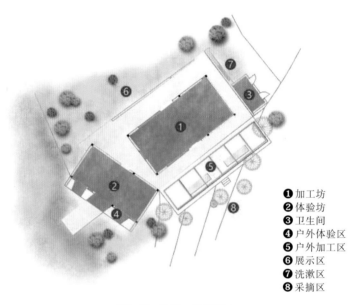

❶ 加工坊
❷ 体验坊
❸ 卫生间
❹ 户外体验区
❺ 户外加工区
❻ 展示区
❼ 洗漱区
❽ 采摘区

图5-21　栗子工坊平面图

从图5-21来看，加工坊这个主体空间采用了稍微大一点的形式语言，右侧是低一点的体验坊，和左侧更低一些的卫生间。加工坊是最主要的功能区，因此体积较大，充分保证了室内的加工空间。作为栗子加工的场所，兼具生产、村民活动、展示等功能，极具观赏性。视线穿过中间的门，可以直接望到后山的栗子树，起到了引导视野的关键作用。加工坊与栗子山采摘区的交接处可作为户外加工区，现采摘现制作，与室内加工区相呼应。体验坊分为室内体验和室外体验两部分，满足了不同的体验感，使游人和村民近距离地享受体验过程。这一系列的配套设施提高了村民收入，增强了村民的文化自信心。卫生间虽然隐秘但对外开放，为园区和栗子工坊共同使用。用一道墙体将其隔开，又具有相对的有独立性。

栗子工坊的设计形式：位于栗子山脚下的三个简单方盒子，形成整个村委会广场的新的空间界面语言，简单质朴。建筑易于当地村民建造施工，材料取自当地石材，呼应当地场所的自然条件（图5-22）。

图5-22　栗子工坊效果图

未来影响：栗子工坊作为石城子村唯一的农业体验建筑，对于三产融合起到一个实验+示范的作用。未来围绕栗子的附属产品会带动农民和游客产生更多学习体验的合作关系，对石城子栗子品牌形成、对外宣传、农民就业、经济收入都会产生重要的作用。

5.3.7　其他空间

（1）石门子村入口（图5-23）。

图5-23　石门子村入口

（2）人行入口阶梯（图5-24）。

图5-24　人行入口阶梯

（3）停车场（图5-25）。

图5-25　停车场

第6章 自然生态空间设计

6.1 总体布局

根据石城子村景观系统分析，自然生态空间占据整个村域90％以上，其中主要包括泄洪沟、山林、石头山。因此对于自然生态景观的保护和活化非常重要。具体设计场地主要包括两条漫步道（青石溪漫步道和山林漫步道）、石头公园、自然研学园（图6-1、图6-2）。

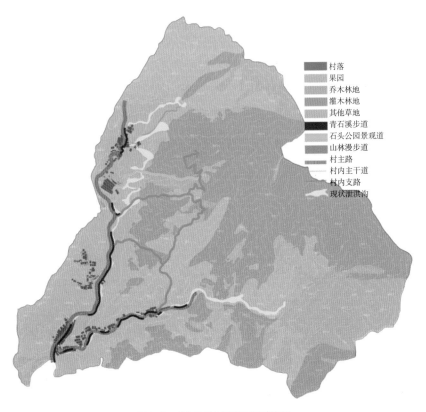

村落
果园
乔木林地
灌木林地
其他草地
青石溪步道
石头公园景观道
山林漫步道
村主路
村内主干道
村内支路
现状泄洪沟

图6-1 石城子村自然景观系统图

图6-2　自然生态空间景观规划图

　　整个生态漫步道主要分为两个大的主轴线道路：青石溪步道和山林漫步道。对村落的泄洪沟景观进行提升改造，将其打造成可观景、可游憩的滨水休闲长廊，使游客可以在青石溪步道上感受到自然的气息。

　　结合青石溪步道的现有生态资源条件，沿着泄洪沟串联六个生态景观区，使其整合成一个完整的系统。结合山林慢步道的现有生态条件，规划出一个闭环的漫步道，同时根据规划区域将漫步道分区，确定公共区域特色，打造公共服务区块，充分利用当地原有资源，以当地文化特色为主，经济节约为辅进行设计。为了将漫步道主题串联起来，打造了多个景观节点，主要以景观亭、景观绿化带、景观小品等为主，整体提升沿线景观品质，打造滨河景观长廊。

　　山地地形打造徒步旅行、研学等户外活动，为文化旅游和体验式旅游提供了机会。河岸边有各种自然植被和古树资源，可以开发为农业景观的梯田，同时也为环境教育和生态保护提供了机会。石头资源丰富，种类多样，可用于景观设计、艺术表现、科普研学等功能的石头公园。以恢复原有栗乡生态为主题，通过打造各个区域的景观节点，并将其串联起来，丰富及复原山林景观，将石城子村打造为文化旅游乡野景观基地。

6.2　青石溪漫步道设计

6.2.1　现状情况及优化措施

（1）泄洪沟景观单一，以青石溪生态为优化重点，丰富青石溪沿线植物种类，打造适合北方气候的沿溪植物景观带，提高带状村落溪景观赏的价值。

（2）泄洪沟溪水季节性强，每年七八月为丰水期，其余月份为枯水期，夏季涨水、冬季枯竭的季节特性为溪水景观的维持带来了维护成本。因此提出缓性景观步道策略，通过整理改良河道品质、建设河床植被景观带、设计沿岸亲水平台来减少季节性溪水量带来的影响。

（3）河道沿线废弃物乱堆乱放，公共设施陈旧老化，公共空间断裂，河滩荒废，河道杂乱，河堤损坏，叠石众多，杂草繁茂，需要加强河道整治和水资源保护。通过系统的垃圾清理、河床整治、沿线设施统一修缮，为进一步的设计施工做好基础准备。

图6-3所示为自然生态现状剖面图，图6-4所示为泄洪沟现状。

图6-3　自然生态现状剖面图

图6-4　泄洪沟现状

6.2.2　设计思路

石城子村自然景观核心生态要素主要包括山体、森林、泄洪沟。结合泄洪沟现状，恢复生态景观是第一要义。提出在保护生态环境资源的同时，打造和文旅结合的特色景观。首先，针对性地进行泄洪沟生态修复，对损毁河床段进行重新整理，构建青石溪微型生态圈，进一步创造文旅景观价值。其次，在该流域针对性地结合区位因素进行节点设计，如青石溪石桥、水车、亲水堤岸、堤岸观景台、景观步道等。图6-5所示为青石溪现状图和总平面图。

图6-5　青石溪现状图和总平面图

6.2.2.1　青石溪流域微型生态修复

青石溪的微型生态修复主要解决两方面问题：一方面，对河道进行整理改造，固水流水，以水养岸；另一方面，构建缓性生态景观，减少季节性流水量带来的地貌变化影响，构建微型生态循环链，做到四季有景可赏。

（1）青石溪河道整理改造。为减少对河道生态环境的破坏，需要对河道内废弃物进行清理。在景观构建过程中应注意垃圾处理，防止废弃物对河道造成二次污染。在对青石溪进行固水微改造的时候，可以通过在适当位置修建硬性或柔性的固水坎，既有存水的实用价值又有可观景的景观价值。此外，合理的河道形态设计可以减少季节变化带来的景观差异。可以采用自然弯曲、退水滩等措施来减少河道的直线段，形成更自然的河流形态。此外，还可以利用河道两岸的起伏形态，设置观景平台和步行道等节点，方便游客欣赏美景，如图6-6所示。

（2）构建青石溪河道缓性生态景观。通过在河床沿岸合理地布置植被，可以有效增加河道的生态价值，并起到保护岸坡和抵御风沙的作用。可以选择适应当地气候条件的常绿乔木、灌木和草本植物，如香蒲、麦冬、芦苇等。夏季旺水，冬季旺木，如图6-7所示。

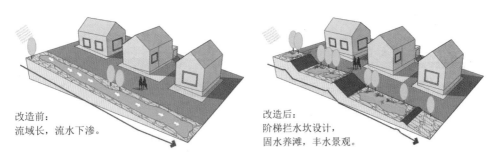

图6-6　青石溪固水微改造说明图

图6-7　青石溪景观整理夏冬效果图

为了实现河道气候微循环，可以在河道两岸设置树林和灌木带，利用溪水与树林的蒸腾作用，增加水分蒸发量和水汽含量，提高河道湿度。此外，在河道两侧设置湿地，增加水分的挥发和蒸散，形成气候微循环，使河道周围的气候更加宜人（图6-8）。

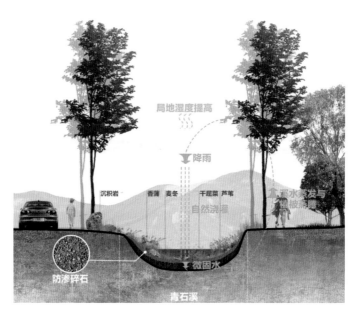

图6-8   青石溪生态微循环图

6.2.2.2   青石溪栈道和桥设计

青石溪木栈道置于步行道路一侧，突出青石主题。木栈道与村庄小路、村民广场形成了公共生活核心区的步行系统，增加了亲水公共活动场地，改善周边村民的可达性与居住环境，提升村庄的空间亲水舒适性。石城子泄洪沟的桥缺少识别性，基于微设计的原则，桥两边增加简易格栅栏杆围护，如图6-9所示。

图6-9   青石溪栈道和桥改造效果图

6.2.2.3　青石溪口设计

该场地是进入石城子村的第一个节点，有一片较宽的泄洪沟，对面有百年核桃树和老井。这个画面形成了水、井、古树的入村第一印象。因此将这一片泄洪沟设计成青石溪口水景，结合入口的栗子装置、石头矮墙形成了石城子村口美好乡村的画面（图6-10）。

图6-10　青石溪口设计效果图

6.3　山林漫步道设计

6.3.1　场地现状

从林园泄洪沟的入口处到磨盘山顶步行约两小时。泄洪沟入口处有较为开阔的空地和天然林荫遮蔽，形成天然乘凉场地。步行到废弃蓄水房都有人工铺设的水泥路，地势起伏略大，道路两边都是人工堆砌的石头阶梯用于种菜种树，自然景观十分丰富。水房直径约6m、高3m，现已不再投入使用。水房右侧有开阔的林荫空地，种植几棵栗子树。剩余的登山道路均为未开发的自然野路，攀爬时比较费力，道路多为土路，多岩石，荆棘丛遍布，地势陡峭，沿途多种植栗子树、核桃树、大果榛、锦带花等植物，途中偶有开阔树林空地供人休憩，自然生态维持良好。山腰处的观景视角极佳，既有经过自然风化形成的当地岩石、岩壁，也有开阔的视角俯视整个石城子村，是为天然的观景点。漫步道到了磨盘山顶处又恢复了人工铺设的水泥路，一路蜿蜒而下回到起点（图6-11、图6-12）。

（1）自然灾害风险。要进行防范和保护，特别是陡坎加固、石垒梯田等措施，以保护农田林地，减少财产损失。

（2）石材资源的利用。充分利用石材资源，提高其文化价值和吸引力，形成漫步道的独特亮点。

（3）山林漫步道设计。设计一条具有完整循环的山林漫步道，并增加休息节点，打造独特的生态公共空间。

（4）环境保护。保护生态环境，减少垃圾留存和环境污染。

（5）景观设计。要考虑在低投资成本的条件限制下，提高景观的吸引力和文化价值，特别是结合文化特色打造独具特色的生态公共空间。

图6-11　山行路现状

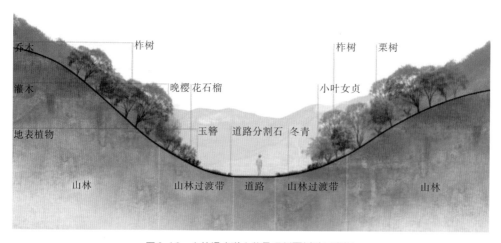

图6-12　山林漫步道山谷景观剖面树种示意图

6.3.2　设计思路

为了确保路线的安全性和可靠性，对现有的荆棘路进行必要的土工处理。为了在成本预算很低的情况下开垦一条山林漫步道，整条路以泥土碎石为主，陡峭的路段上增加台阶来减缓坡度，方便行人行走。在路线上增加一些景点和节点，为行人提供便利和舒适的体验。设置指示牌和标识，以帮助行人更好地理解路线，让行人深入体验和感受当地的自然美景。

需要把漫步道打造成具有健康山野步道氛围。在场地连通性上，"漫野山行"与石头公园是紧密联系的，并设置了针对不同人群的游憩路线。在漫步道特色方面，保留其本身险峻陡峭的风格，设置了六个节点供游客休憩（图6-13）。其中一个节点可成为漫步道中打卡地的存在，就是位于原来废蓄水池上的"栗子咖啡"，一个具有弹性的节点，有助于提升漫步道的经济价值和景观质量。在漫步道的修整建造中，不破坏山林原本生态，贯彻"微改造""微更新""微介入"，保护生物多样性，在漫步道中设置了很多植物动物科普知识展板，包括介绍石材的小型展板。

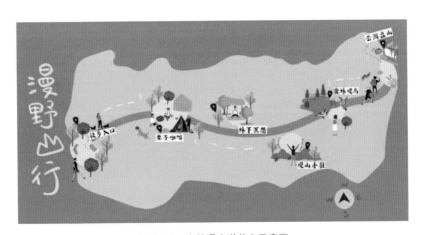

图6-13　山林漫步道节点示意图

6.4　节点设计

6.4.1　山林漫步道入口

漫步道的入口设置了一个简易木质入口标示牌，上面印有标识"漫野山行"的

图6-14　山林漫步道入口示意图

Logo标识，简明突出，易于让游客识别，也能让游客熟悉线路的主题名字（图6-14）。

6.4.2　栗子咖啡小屋

此处原本是一处废弃的蓄水池，作为整条道路最重要的一个节点，此处定位为栗子主题的咖啡小屋，周边难得的空地作为户外咖啡休息场所。在开敞的蓄水池顶部加建露台，露台形式是适应地形的变异三角形栗子形态，用瓦片构成一个"露顶"的屋顶。蓄水池水泥墙上开窗采光，内部作为游客休憩空间，外部空间可以进行野餐、露营、乘凉、赏景等活动，大自然的风、声、景会让人感到身心愉悦（图6-15、图6-16）。

图6-15　蓄水池改造前后

图6-16　栗子造型的露台效果图

6.4.3 林下冥想

　　林下冥想空间位于树木众多的林下空间。这个节点为漫步道增加了"趣"的装置设计。可以采用当地的木材进行简易搭建，采购尺寸相当的透光膜进行围合。结合一天之中的光影变幻在透光膜上呈现出不同的树影，林中微风带动风铃响动，沿路登山的游客可以在此驻足，坐在其中或观树影或听风声，将视听体验变得具象，是漫步道中一处较为有趣的休憩体验打卡点（图6-17）。

6.4.4 观山小驻

　　场地位于山腰视线开阔处，漫步道沿途的风景都很美丽，只是缺少一个可以真正停留观景的平台。原始场地有天然的岩石作为驻足点，地铺多是碎石松土。微改造的理念就是轻介入，打造一个隐于山腰的观景平台。首先是夯实地基，统一地铺的材质，便于游客在此驻足。为了既不遮挡天然良好的观景视线又保证游客的人身安全，采用绳制围栏作为遮挡，绳结图案则可以根据当地特点做成满族图腾纹样或是具有代表性的其他图案。再放置一些当地木材加工的座椅，面朝石城子村（图6-18）。

图6-17　林下冥想空间示意图

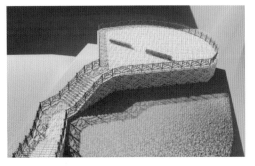

图6-18　观山小驻示意图

6.4.5 云游盘山

　　场地作为漫步道微改造的最后一个节点，也是漫步道的登顶处。搭建简易景观框架，供登顶旅客打卡取景，并作为终点处的一个地标装置（图6-19）。

图6-19　云游盘山示意图

6.4.6　石群营地

石群营地丰富了山林漫步道的实用性和文化内涵。为了更好地满足游客的休息和娱乐需求，可以在平坦的地方设置原生态的石头座椅，并散落排开放置，既保障了艺术观赏性，也提供了座椅的功能性。同时，为了满足露营爱好者的需要，还可以提供帐篷、篝火、烤肉架、休息区等基础设施，为游客提供更加舒适的驻扎场所。在文化方面，可以放置石门装置，丰富满族文化氛围，触摸古老的石头纹路质感，感受人文与自然的交流（图6-20）。

图6-20　石群营地平面图

6.4.7　观鸟憩台

方案一："林海堤岸"观鸟憩台

观鸟憩台是一个专门为游客远眺而设计的场所。石城子村是一个自然资源丰富的地方，拥有着许多珍稀鸟类以及林木景观。这个节点的设计可以考虑提供观鸟望远镜、科普板、座椅等设施，并融入周边的自然环境，使憩台能够与自然环境完美融合（图6-21）。

图6-21　"林海堤岸"观鸟憩台效果图

这个景观台的设计灵感来自海岸线上的堤岸，其狭长上升的跑道类型的设计也使游客在欣赏景色的同时体验一种轻松而又充满挑战性的感觉。景观台的主体材料选用天然的木质材料，这样可以更好地融入自然环境，并且木材的纹理和质感也能为游客带来愉悦的视觉体验。在保证景观台的安全性方面，可以设置栏杆或者在一侧设置高度适当的护栏。同时，可以设置座椅或休息区，为游客提供舒适的休息和欣赏美景的空间。

方案二："大观塔"观鸟憩台

"大观塔"观鸟憩台这个景观台的设计以旋转上升的塔状类型为主，游客可以在塔上鸟瞰周边的风景。同时，可以在塔的上部设置望远镜和科普板，供游客观赏鸟类并了解周边自然景观。景观台的主体材料可以选用混凝土或钢材等，这样可以保证景观台的坚固性和耐用性。在景观台的底部可以设置休息区或者咖啡厅，供游客休息或品尝茶点。为了更好地融入周边的自然环境，景观台的外观可以采用石材或木材等材质。同时，在景观台周围可以种植一些花草植物，让游客在欣赏美景的同时也能感受到自然的气息。在保证游客安全的前提下，还可以设置一些探出的景观台，增加景观台的趣味性和观赏性（图6-22）。

图6-22 "大观塔"观鸟憩台效果图

6.4.8 枯木座椅

沿路利用枯木设置不同高度的路边座椅，或休息或跳跃游乐，是徒步旅途中一处有趣的节点（图6-23）。

6.4.9 漫步道休息靠椅及围栏

在登山的路上没有休息区域，但是登山探险或摄影爱好者几乎不直接坐下休息，一放松就很难再充满活力。结合石城子村的天然条

图6-23 枯木座椅效果图

件，木材、石材丰富，设计了一个简易的休息靠椅，由简易的木材拼合而成，结合山林步道设计节点放置（图6-24）。

在陡峭的地区，如果不设置围栏非常危险，而设置简单的木桩即可限制人们的活动范围保障安全性。同时在这种陡峭的地区可以进行开阔处理，让人们可以一览石城子的自然之美（图6-25）。

 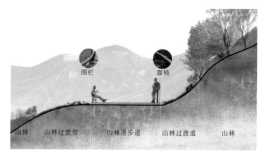

图6-24 休息靠椅及围栏效果图   图6-25 山林漫步道剖面图

6.5 满石文化地质公园设计

6.5.1 总体规划

6.5.1.1 路线规划

根据三维地图分析项目区域内的地形特征，对主要游览线路的长度和坡度进行综合考量，以满足不同游客的需求。为提供更丰富的游览体验，设计规划包括多条线路，有高差较大的线路，也有较短的线路。通过此种设计方法，游客可以根据个人能力和兴趣选择合适的线路。

在最终的规划中，选择了三条主要线路，并对每条线路的主要节点进行深化设计。主要节点考虑了地质景观的特色和吸引力，以及与周边景点的连贯性。节点的选择基于地形地貌、景观元素、可达性及游客流量等因素进行综合评估，确保游客能够在各个节点获得丰富而有意义的体验。

此外，游览线路的设计还考虑了游客的安全和舒适感。合理设置观景台、休息点和导览标识等设施，使游客在游览过程中得到良好的引导和支持。同时兼顾地质景观的可持续性保护（图6-26、图6-27）。

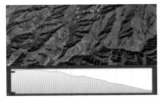 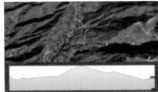 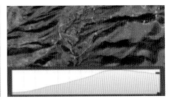

图6-26 坡度及长度分析

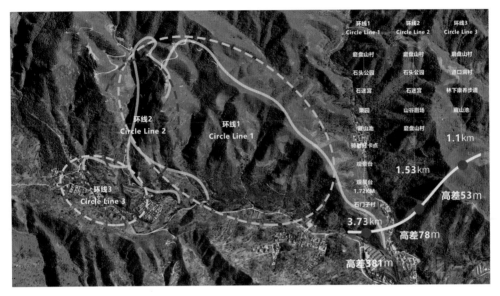

图6-27 线路规划图

6.5.1.2 节点规划

基于三条主要游览路线的基础，充分考虑了每条环线的特点以及主要受众的需求，同时对环线交汇点、人流集中点、村民意愿和场地条件等要素进行了综合分析。通过分析，确定了石头公园、石迷宫、箭翎园和观星台等作为主要节点，并辅以流水剧场、林下漫步道、观景台等次要节点，共同组成满石文化地质公园的景观节点体系。

主要节点是基于地质景观特色、文化价值和可达性等因素进行深入评估选择。石头公园作为一个具有梯田状石滩和栗树种植的景点，展示了地质景观的独特魅力。石迷宫以村民共建的方式结合满族文化元素，为游客提供了一种探索和学习的双重体验。箭翎园作为满族骑射体验点，具有宣扬满族文化的作用。观星台位于山顶，俯瞰整个景区，为游客提供了景观和观星的机会。

次要节点如流水剧场、林下漫步道和观景台则在整个景区中起到补充和丰富的作用。流水剧场通过自然水流的流动和音乐表演，为游客带来视听上的享受。林下漫步道则为游客提供了一个亲近自然、感受植被景观的舒适空间。观景台则以其良好的视野和观赏设施，使游客能够全方位地欣赏周围的地质景观。

这样的景观节点设计规划体现了对地质景观特色和文化价值的充分考虑，并根据主要受众人群的需求进行优化。通过这些节点的有机组合，满石文化地质公园将为游客提供丰富多样的地质和文化体验。这一设计规划的目标是实现地质景观的可持续发展和保护，同时满足游客对深度探索和享受的需求（图6-28、图6-29）。

图6-28　整体分区

图6-29　节点规划

6.5.2　节点设计理念

6.5.2.1　石头公园

石头公园是满石文化地质公园整体规划中的第一个大型节点，其设计对于奠定地质公园的性格和基调至关重要。在设计过程中，充分尊重了场地环境，保留了原有的阶梯式场地，并将步道置于其中。公园步道的形态以满族文字为原形意象，经过对场地情况的抽象和简化，形成了贯穿场地的折线步道。这种步道的形态与石头公园粗野的环境氛围相融合，充分展现了地质公园的自然特征。同时，阶梯形的场地为公园带来了丰富的景观视野和层次感，增加了游览的趣味性（图6-30）。

石头公园作为满石文化地质公园的起点，从栗园开始，途经箭翎园等多个节点，最终到达石迷宫作为结尾和高潮。这些小节点和景观建筑形成了一个完整的公园空间，为游客提供了多种休闲和观赏的选择。同时，沿着上山步道设置了四个出入口，具有较高的可达性和开放性（图6-31、图6-32）。

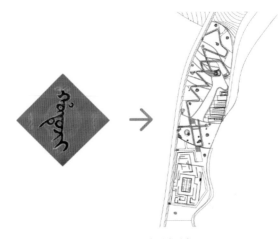

图6-30　道路形态分析图

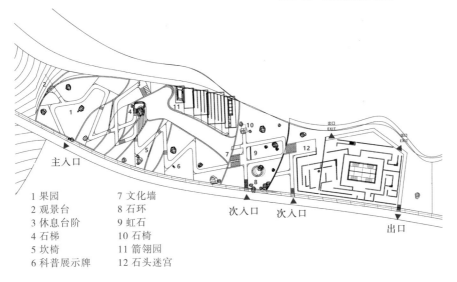

1 果园　　　7 文化墙
2 观景台　　8 石环
3 休息台阶　9 虹石
4 石梯　　　10 石椅
5 坎椅　　　11 箭翎园
6 科普展示牌 12 石头迷宫

图6-31　石头公园平面图

图6-32　石头公园鸟瞰图

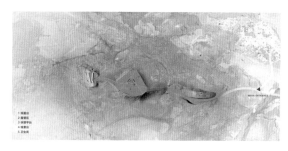

图6-33　观星台平面图

图6-34　观星台鸟瞰图

6.5.2.2　观星台

观星台是满石文化地质公园的最后一个节点，位于制高点，拥有优越的观景条件。目前，观星台的场地为四组相互连接的平台，通过坡道相连，场地开阔平坦，先天条件良好。设计理念旨在延续地质公园的粗犷坚硬特性，利用原有坡道作为基础道路，结合硬朗的折线形景观节点和小道，充分利用场地的出色基础条件，最大限度地保持场地氛围感，并确保观景时视线不受影响（图6-33、图6-34）。

6.5.3　空间营造措施

在空间营造中，设计遵守以保护优先和强化场所体验为核心的设计策略，并运用以下几种设计手法对节点空间进行活化设计。

6.5.3.1　负向空间积极化

此设计手法旨在通过对负向空间的重新塑造和利用，使其具备积极的功能和价值。负向空间指场地中存在的问题区域或被忽视的空间，如废弃地块、荒芜景观或不良环境条件等。负向空间积极化的设计手法需要针对具体情况采取相应的策略。其中包括改善空间的布局和结构，增加功能性和可用性，提升景观品质，引入适宜的设施等方式。同时，需要充分考虑环境可持续性和资源利用效率，以确保设计方案的长期可行性和环境友好性。

因此，基于石头公园场地较为残破杂乱的原始环境条件，本设计运用负向空间积极化的手法对其进行改造和设计。

如栗园观景台，该节点设置于场地东侧临近断坎处，由于安全问题成为场地死角，然而其位于场地高点且面向峡谷的地理条件使其具有较高的景观价值，因此，本设计选择耐候钢作为建造材料，并采用简约的形态和较小的尺度，以减少其对自然景观的破坏，提升观景的安全性，并充分发挥其观景优势（图6-35～图6-38）。

图6-35　栗园实景图

图6-36　断坎模型示意图

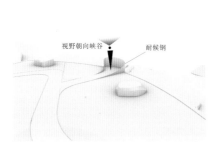

图6-37　栗园观景台分析图

图6-38　栗园观景台效果图

箭翎园位于石头公园（地质公园内）原场地的山壁缓坡区域，处于场地内部但相对偏远，远离道路。然而，箭翎园是场地内唯一大面积且较为平坦规整的区域。为此，本设计在该地块建造具有射箭及传统民俗活动体验功能的半开放式景观建筑，通过引入互动性、参与性的功能吸引游客，达到活化场地的目的。其建筑形态来源于满族传统民居及跨海烟囱的抽象化，在起伏的屋顶下是半开放式石木结构景观建筑。内部空间由管理区、射箭区和卫生间三部分组成，其中射箭区设置三种不同规格剑道，满足不同人群使用需求，各剑道间以彩色PC板隔断，既保证透光性也融入了满族传统色彩体系。内部空间逐层抬升以应对缓坡地面，体现对自然的尊重，减少对原场地自然环境的破坏（图6-39～图6-42）。

图6-39　箭翎园场地现状

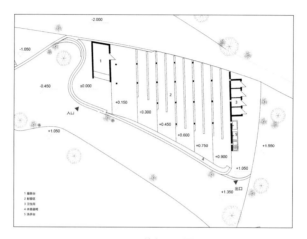

图6-40　箭翎园平面图

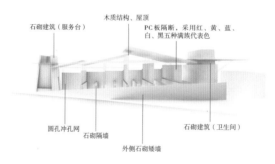

图6-41　箭翎园分析图

图6-42　箭翎园效果图

6.5.3.2 场地材料再生

场地材料再生综合设计旨在活化场地并实现可持续发展。它融合了材料再生和活化设计的原则，通过对场地原有材料的重新利用和再加工，创造出具有创新性和功能性的设计方案。该设计手法强调充分认识场地材料的重要性，并将活化设计的理念有机融入其中，使场地材料与设计概念相互融合，从而打造出独特而富有在地性的设计作品。通过这种方法，不仅能提升设计的独特性和地方特色，还能实现设计的可持续性发展。

本设计采用场地材料再生综合设计理念，充分利用原场地丰富的石材和木材资源条件，将基础功能性设施与再生设计理念相结合，赋予其实用性和观赏价值。通过运用在地性材料进行加工和设计，结合切割石块、黄色花纹钢板、耐候钢板和木板等不同材料的综合运用，与场地原有石块和地形相结合，创造了石梯、石环、石椅和景座等具有装置艺术功能的实用性节点及互动性光学装置——虹石。该设计手法有利于提升节点的品质和吸引力，为游客提供更好的观赏和使用体验，使功能性节点不仅满足基本功能需求，而且融入景观元素，使其与环境和谐统一（图6-43~图6-46）。

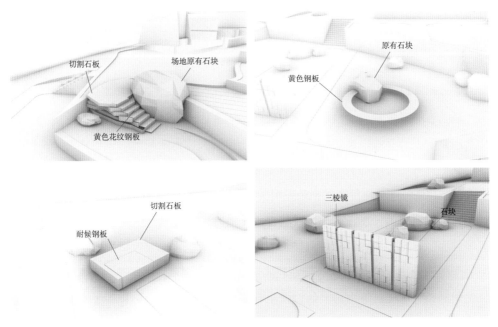

图6-43 装置分析图

图6-44　装置效果图

图6-45　景座效果图

图6-46　虹石效果图

6.5.3.3　传统元素重构

该设计手法旨在将文化符号、传统工艺、历史建筑和民俗元素等文化要素与设计概念相结合，以达到保护、传承和展示独特的文化价值的目的。该设计手法基于对文化遗产的深入研究和理解，通过整合和融合不同的文化要素，创造出具有历史、传统和文化内涵的设计方案。这种设计手法强调对文化遗产的保护和尊重，通过恰当的处理和再现，使文化遗产融入现代设计中，以满足当代社会的需求。

基于石城子独特的满族民族文化遗产和丰富的地质景观遗产，本设计采用了文化遗产整合设计手法，通过科普性装置展示传统文化元素和地质景观特性。设计目标旨在提升石头公园的教育价值，满足面向家庭游客的需求。在设计中，运用了展示牌、文化墙、图腾墙等方式来呈现相关科普信息。

通过展示牌的设置，游客可以获得关于地质景观形成过程、地质特征和自然生态等方面的详细知识。同时，将文化墙与楼梯侧墙结合，有效减少了人工构筑对环境的干扰和侵入。作为一个综合性的展示区域，这里展示了地质公园的历史背景、文化遗产和满族传统等内容。通过使用满族剪纸、满族图腾和满族服饰等图文并茂的展示手法，游客能够深入了解满石文化地质公园所具有的独特魅力（图6-47～图6-67）。

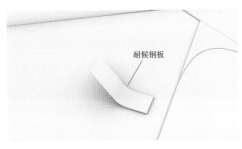

图6-47　展示牌分析图

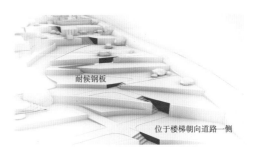

图6-48　文化墙分析图

图6-49　图腾墙分析图

图6-50　展示牌效果图

图6-51　文化墙效果图

图6-52　图腾墙效果图

6.5.3.4　遗产重塑

该设计方法旨在通过重新塑造和利用遗产资源，赋予其新的意义和功能。该设计手法基于对遗产的尊重和保护，并通过创新性的设计理念和技术手段，使其焕发新的生命力。设计目的是将传统与现代相融合，将遗产与当代需求相结合，创造既尊重其历史面貌，又迎合现代社会需求和审美的设计。

在本设计中，石头迷宫节点以原场地所保留的传统民居遗迹为核心，采用了亚克力、铁丝网等现代材料，通过重塑满族传统民居结构的方式进行遗迹再塑。这样的设计手法创造了具有轻盈感和虚幻感的超现实装置，旨在以现代的方式向游客展示传统民居的特色，同时确保不对自然风貌造成破坏。

石头迷宫的布局采用了半开放式的设计，利用场地原有的石块进行搭建。与传

图6-53　石头迷宫场地现状

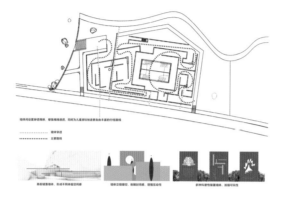

图6-54　石头迷宫平面图

图6-55　石头迷宫分析图

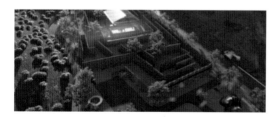

图6-56　石头迷宫鸟瞰图

统式迷宫不同，石墙高低错落安排，形成了多个不同尺度感的围合空间，创造了丰富的视觉效果。迷宫内部融入多个科普性和参与性装置，这些装置基于满族图腾、满族非物质文化遗产、满族文字等元素，增添了迷宫科普意义，同时也丰富了游玩体验。

迷宫内部，石墙之间保留狭小空间，以创造更通透的视觉效果，并为儿童提供更自由的游玩路径。此外，迷宫设置四个出入口，旨在确保安全性和通透感。

通过以上的设计手法，本设计既保留了传统民居的文化遗产特色，又融入了现代的设计理念和材料，创造出具有独特魅力和丰富体验的石头迷宫。这样的设计手法旨在为游客提供与满族文化互动的机会，促进对满族传统文化的认知和传承。同时，设计考虑到了安全性、通透感和视觉效果的平衡，为游客提供了安全、愉悦和丰富的游玩体验（图6-53～图6-56）。

6.5.3.5　原生场地轻介入

该设计手法旨在尊重和保护场地的原生特性，同时进行轻微的介入和改造，以满足功能需求和提升场地的品质，达到活化场地的目的。该设计手法注重对场地的深入研究和理解，以有效地融合人造和自然元素，创造出与场地环境相协调的设计方案，同时最大限度地减少对场地原貌的破坏。原生场地轻介入的设计手法强调与自然环境的共生关系，追求设计与场地之间的和谐统一。保留和突出场地的独特魅力和特征，同时提供优质的使用体验和功能性，关注环境的可持续。

本设计以观星台所拥有的独特天然观景条件为基础，旨在最大限度地尊重场地的开阔、荒野和平坦特性，并充分利用场地的高差变化来设计不同的观景和观星角度，提升体验感。设计中融入了观景台、卫生间、露营地和观星平台等节点，通过协调处理场地与设计元素之间的关系，以最小的干预来重新塑造场所感（图6-57、图6-58）。

观景台的设计利用了场地内原有土丘形成的观景高点，并采用耐候钢材和流线型的造型。同时，在观景台的上部添加了科普展板，以增加教育功能（图6-59）。

露营地的设计以场地原有的形态为基础，将对角线连接起来形成步道线路，并在交错处设置了篝火区，以轻量化的设计为平坦而宽阔的场地增添了空间核心，增强了场所感，满足了游客的露营需求（图6-60、图6-61）。

图6-57 场地现状

图6-58 场地现状

图6-59 观星平台分析图

图6-60 露营地鸟瞰图   图6-61 篝火区效果图

观星平台充分利用场地本身的高差特点，向外延伸出两个不同高程的观景平台，为游客提供多样化的观星和观景体验。此外，利用山地坡度设计观星躺椅，并将护栏、矮墙等防护性设施与科教功能相结合，形成日晷、星图等科普性装置，为观星平台增添了教育意义和互动性活动，以轻介入的方式丰富了场地的功能。基础设施如休息区座椅则以折线元素为基础，形成具有雕塑装置感的设计，既美化了场地又具备实用功能。

通过原生场地轻介入的设计手法，本方案充分发挥了场地的自然特点，为游客提供了丰富多样的观星、观景和露营体验，同时满足了科普教育的需求，达到活化场地的目的（图6-62~图6-67）。

图6-62 观星平台效果图   图6-63 躺椅效果图

图6-64 星图装置效果图   图6-65 日晷装置效果图

图6-66　观景台效果图

图6-67　休息区效果图

6.5.4　流水剧场设计

6.5.4.1　场地概况

流水剧场位于磨盘山村东部狭小山谷之中。东侧和北侧为高约20m的悬崖峭壁，中心是一处人工蓄水池，长约27m，南北两端宽约8m，中间宽约12m，形如扇形，南侧为阶梯状蓄水池护坡（图6-68）。

顺坡而下，站在蓄水池边东望，东、北面是大自然刀劈斧凿的石壁，南侧是充满人工砌筑痕迹的阶梯挡土墙，它们

图6-68　流水剧场现状

与葱绿的远山在一池碧水的映射下融为一体，呈现出一种"虽为人造，宛若天开"的和谐图景，给设计师留下了深刻的印象。如何将一汪碧水转变为老百姓和游客都喜爱的特色场所成为设计师着重思考的问题。

6.5.4.2　场地互文

在文学研究领域，"互文性"（intertextuality）一般指不同文本之间的相互关系，通常也称为"文本间性"。这一概念的提出者法国符号学家茱莉亚·克利斯蒂娃（Julia Christeva）认为，一个文本总会同别的文本发生这样或那样的关联。任何一个文本都是在它以前的文本的遗迹或记忆的基础上产生的，或是在对其他文本的吸收和转换中形成的。

当设计师踏勘现场时，正遇下雨，瀑布从东侧悬崖飞流直下撞击崖下蓄水池面，浪花飞溅，声音在山风的吹拂下从低转到轰隆，忽高忽低，忽快忽慢。这自然奏响的乐章犹如两千年前伯牙弹奏的高山流水，正寻找着懂它的知音。这雄奇的石壁、蜿蜒的退台护坡、如镜的水池、透迤的远山共同形成独特而强烈的场所感，又让设计师想起了那半悬在峭壁之上、以海为背景的露天剧场——"米纳克剧院"（图6-69）。

在文本、空间的互文影响下，一个天然的高山流水剧场自然而然地呈现在设计师的眼前——场地北面的悬崖色彩单纯、形式完整，不做任何处理，就成为剧场独特的舞台背景；石壁平直而微微前倾，如天然的声音反射板，具有很好的声学效果。场地东面的悬崖瀑布犹如舞台的侧幕，和室外楼梯结合就形成半地下灯光、音响控制室（图6-70～图6-74）。

图6-69   峭壁之上的露天剧场——米纳克剧院

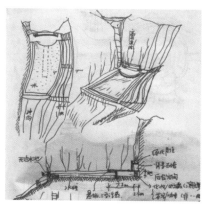

图6-70   流水剧场草图

图6-71   石壁舞台背景墙

图6-72   舞台侧幕和半地下灯光、音响控制室

场地南侧弧形阶梯状的护坡环抱石壁和水池，重新调整高度和宽度后就成为观众席，逐渐抬高的观众席与石壁和水池共同形成凝聚的场。看台的形状并不追求对称，而是根据原有地形等高线被设计成自由的曲线状态，进一步强化了场地的在地性（图6-73）。

如果说悬崖决定了剧场的体，那么水就是剧场的魂。水的存在决定了整个剧场的性格和气氛，是空间的起点。满足演出的舞台需求与最大化地保留水的特质是一对矛盾，这一矛盾是设计的关键。为此，设计师采用了"弱建筑"的方式来处理舞台和水的关系——在悬崖之下水面之上设计了一个由钢化夹胶玻璃和钢结构共同组成的透明舞台，舞台外形采用了流线形态，透明＋流线形态最大化地消解了舞台自身的存在，在满足演出需求的同时保留了场地最原始的形态。至此，在高山流水、蓝天白云之间一个独特的室外流水剧场就这样自然天成（图6-74～图6-76）。

图6-73　室外自由曲线观众席

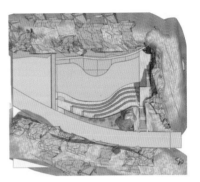

图6-74　流水剧场总平面图

图6-75　流水剧场演出场景

图6-76　流水剧场夜晚演出场景

6.5.4.3　弱建筑、强场所——人与自然共生

在这个由自然与声音共同雕刻而成的天然剧场里，由于采用了最小化人工介入的"弱建筑"手法，从而基于自然本身塑造了具有独特气质的强场所。在这里，人们不仅可以看到声音传播的空间，听到自然的声响，也可以进行人与人、人与自然的交流；在这里，表演者坐在"水中"忘情弹奏，声音经过石壁的反射，与瀑布的混响，随着西流的池水，越过高山传播向四方；在这里，人们能感知到阳光、雨雪和四季的变化，也听到平常被忽略掉的风声水声、鸟叫虫鸣……在高山、流水、人之间，一种人与自然的共生场景自然呈现。

6.6　自然研学景观设计

随着城市化的快速发展，人与自然之间的脱节越来越严重，儿童缺乏与自然的接触会间接导致对自然兴趣的缺乏。乡村作为人们的居住地不同于城市，它保留了更多的人与自然共处的机会，成为自然教育的绝佳场地。在石城子村研究乡村景观与自然教育这两个领域的交叉点，探索如何将自然教育以景观介入的方式融入乡村研学领域以促进乡村发展，拓展儿童自然教育途径。深入探讨石城子村自然教育实施策略，从而构建自然研学景观，结合现有理论，提出适合在石城子村建构的景观内容及场地功能性设计。

6.6.1　设计策略

自然教育课程的设计结合自然地理条件，并注重为儿童带来不同的学习方式和体验。学习课程分为四种类型，分别是观察、体验、探索、实践。结合这四种类型的课程进行在地性设计，充分挖掘石城子村独特的自然景观潜力。

（1）观察式学习。儿童是天生的模仿者，观察式学习是儿童通过与自然环境互动来获取知识、技能和对自然世界欣赏的过程。石城子村拥有丰富的植物和自然资源，通过科普场所与功能的建设可以为儿童提供丰富的自然观察实践。

（2）体验式学习。通过对石城子村自然资源的筛选与改造，积极引导触发儿童的五感体验，以多感官的方式帮助儿童亲近自然。

（3）探索式学习。探索式学习带有一定的冒险精神，培养儿童勇敢的精神与肢体协调能力。

（4）实践式学习。强调动手能力，设计让儿童直接与自然环境互动的活动。石城子村的土地为儿童农耕体验提供了场所，鼓励儿童积极参与，以加深学习体验。

6.6.2　观察类研学景观

6.6.2.1　栗园

栗子是石城子村重要的农业输出产品，传统的种植园采摘活动可以在这里开展（图6-77）。同时，栗蘑生长于栗子树下，栗蘑的养殖可以扩展农副产业链，在栗子树下搭建栗蘑大棚，菌类的生长过程也可以更加直观地展现在孩童的面前（图6-78）。栗子树下养鸡也是一直以来的养殖习惯。鸡吃栗子壳，其排泄物成为栗园的养料。在这里由栗蘑—栗子树—鸡构建了小小的农业生产空间。参考鸡的生活习性，在栗子树间搭建木制的结构架，方便鸡在架上站立停留，让儿童可以更好地观察它们（图6-79）。

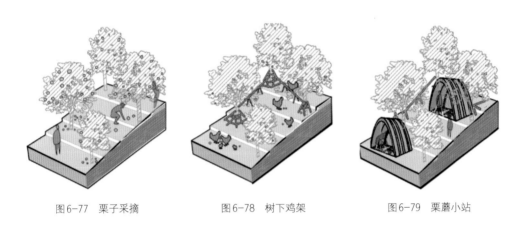

图6-77 栗子采摘　　图6-78 树下鸡架　　图6-79 栗蘑小站

6.6.2.2 香石绿洲

自然教育强调场地的自然性，建立模拟自然生态环境的开放式体验场地，营造一处自然地质与当地草药文化结合的多感官互动式景观。自然环境的营造也有助于儿童对自然地理的理解。

在香石绿洲的设计理念中，将自然地理样貌抽象化、平面化、视觉化，结合草药的种植进行分区与平面铺设（图6-80）。用不同高矮的草药结合地形的高低起伏，种植出草甸、平原等地形样貌，旨在使儿童有沉浸式的自然景观体验。石头的科普知识则以年代以及石种

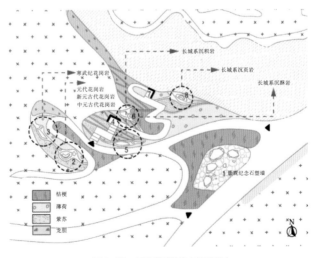

图6-80 香石绿洲节点平面图

进行分类，儿童在各个岩石站点前可以观察、抚摸石头，感受青龙满族自治县自然地理的历史演变（图6-81）。

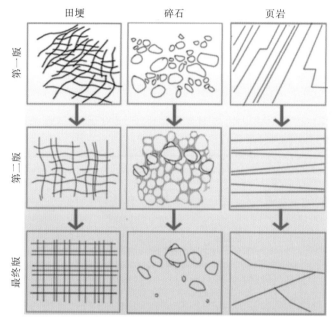

图6-81　地形平面化表达

6.6.2.3　水则

根据村史记载，1993年时石城子村曾遭遇过一场巨大降水，农田与民居都受到了影响，之后村中的泄洪沟便进行了加强与改进。水则碑是古代用于水文观测的"水文站"，其上雕刻着水位的信息。丰水期，水则成为水位的警示钟；枯水期，儿童可以下到泄洪沟底部，近距离观察水则上的科普信息（图6-82）。

图6-82　水则效果图

在泄洪沟中建立水则水文科普站，不仅可以增强儿童与水资源的联结，向儿童科普水文知识，增强泄洪沟的可达性，而且是对村中这一历史的有效记载，本村的儿童也会因此对泄洪沟产生更多情感上的关联。

6.6.3　体验类研学景观

五感体验即人们通过感官活动建立起人与自然的联结，它引导儿童充分调动自己的五感，是儿童接收自然知识、感受自然力量的重要途径。

6.6.3.1　林下乐园

鸟鸣站点的设立是为了记录下自然界中鸟鸣的声音，帮助儿童从鸟类外貌、生活习性、鸟鸣声等多个方向认识鸟类，并通过感官的触动加强与自然互动的体验（图6-83）。

鸟鸣站点的科普牌附有声音传感器，儿童除了阅读站点上的科普文字外，也可以按下站点上的按钮，聆听不同鸟类的鸟鸣声，也激发了林下乐园的活力。儿童通过调动视觉、听觉、触觉来感受自然（图6-84）。

图6-83　鸟鸣站点节点图

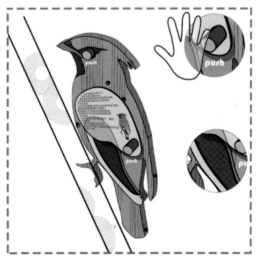

图6-84　鸟鸣科普牌

6.6.3.2　香石绿洲

选取带有特殊气味的草药种类进行区域性种植，如白芍、紫苏、薄荷、龙胆、甘草、桔梗等，促进儿童利用嗅觉记忆自然，在草药园中儿童可以尝试将气味的感觉以绘画的方式进行个人化的表现。

颜色和形状可以与儿童想象中的特定气味相关联。例如，甜味可能被形象化为充满活力和温暖的颜色，如黄色或橙色，而刺鼻的气味可能与尖锐或锯齿状的形状相关联。儿童的画作将与对应草药的叶片一同制作成标本，粘贴在草药园中矗立的展示架上，形成独有的带有儿童气息的创作景观（图6-85）。本活动旨在鼓励孩子探索他们的嗅觉并通过艺术、讲故事或描述性语言表达出来，通过感官体验培养并增强他们的创造力。

图6-85　香石绿洲效果图

6.6.3.3　声之谷

声之谷选址在磨盘山附近的一处泄洪沟，泄洪沟的一边是人行道，另一边是被岩石覆盖的山体。在这处山体上有一天然形成的石穴，空旷的石穴有较好的收音效果，并放大周边河水潺潺、风铃摇曳的声音。此处泄洪沟高差显著，在雨季可形成跌水景观，拥有一定的视野优势。

粗麻绳为载体，在绳子上绑有满族乐器鼓板（图6-86），悬挂在泄洪沟沿岸至声之谷的

图6-86　满族鼓板

栈桥上。鼓板在山风的吹拂下摆动碰撞，发出其特有的响声，帮助儿童感受、聆听风元素（图6-87）。

图6-87　声之谷效果图

6.6.4　探索类研学景观

在城市当中寻找可以进行自然探索的场地十分困难，乡村具有先天的优势为儿童提供自然的探险地。

6.6.4.1　林下乐园

林下乐园为儿童提供了一个自然野趣的环境，包括茂密的植物群落、涓涓的溪流和高高的树屋。这里是一个有趣而具有挑战性的探险场所，吸引着儿童前来探索。入口处的冒险森林设有一个自然游戏场地（图6-88），周围环绕着湿地，并形成了浅水面，水边放置着供儿童跳跃的石头，攀爬的设施让儿童在森林的垂直面上游走，不同的高度带来不同的视野与不同的感官刺激，通过爬网、吊索等自然探索的设施为儿童创造一个冒险的情景，激发他们的好奇心与想象力，在探索游戏中重新认识植物和大自然。

林下乐园也是在石城子村研学旅途中的第一站，以玩耍的方式引导儿童进入树林，进入自然，这会让处于拘谨状态的儿童迅速放开，拥抱自然。

树屋给儿童不一样的观察自然的视角，孩子们可以在树屋上近距离地观察树干的纹路、树叶的生长，体验在高高的树冠间穿行而过的感受。林间设计了儿童可以休憩的空间（图6-89、图6-90）。

图6-88　林下乐园效果图

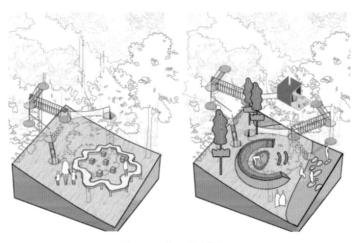

图6-89　林下乐园节点图

图6-90　林下乐园节点剖面图

6.6.4.2　蚂蚁迷宫

孩童时期，儿童时常会被在地上爬行的蚂蚁吸引，看着它们在洞穴门口搬进搬出，好奇它们在洞穴内部的行为。蚂蚁迷宫的设计受到自然蚂蚁洞穴的启发，将孩子们带入一个类似于蚂蚁栖息地的错综复杂的世界，孩子们可以在曲折的迷宫中穿行，发现隐藏的角落，模仿蚂蚁在复杂网络中穿行的方式。这培养了孩子们的冒险精神和空间意识。孩子们可以把自己想象成小小探险家，从蚂蚁的角度体验世界。他们可以创作故事、角色扮演，培养同龄人之间的创造力和社交能力（图6-91～图6-96）。

将教育融入蚂蚁迷宫，展示有关蚂蚁及其行为和栖息地的信息，为儿童提供了了解生物学、生态系统以及昆虫在自然界中的重要性的机会。

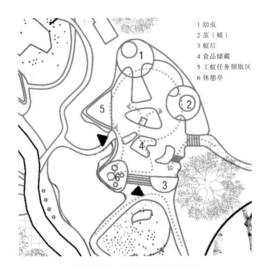

1 幼虫
2 茧（蛹）
3 蚁后
4 食品储藏
5 工蚁任务领取区
6 休憩亭

图6-91　蚂蚁迷宫平面图

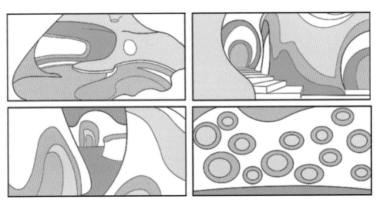

图6-92　蚂蚁迷宫节点效果图

图6-93   蚂蚁迷宫效果图（一）

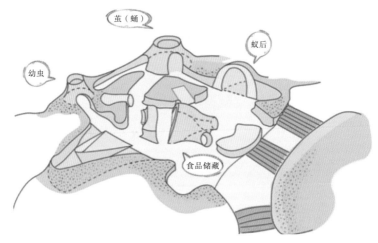

图6-94   蚂蚁迷宫效果图（二）

6.6.5   实践类研学景观

"节气交响乐"，以四季为分割，田地农作物种植为表现方式展现二十四节气与农民的关联。不同谷物的成熟期不同，每一个时期的变化都会在二十四节气上得到体现。将大块田地以春、夏、秋、冬四季分为四块，每块对应六个节气。在这里，儿童可以体验到农耕研学，认识农作物、干农活、采摘、认识农耕工具、了解植物与节气的关系等。以四季分割的地块种植着不同播种期与收获期的农作物，根

据其收获期所在的节气来确定该农作
物种在哪一片田中，保证儿童在除冬
季外的任意季节前来都有处于收获期
的作物。在农作物的旁边设立科普牌
（图6-95）。

图6-95 "节气交响乐"效果图

6.7 公益性墓园景观设计

6.7.1 场地现状

石城子村墓地私埋乱葬的现象造成了土地资源浪费与生态环境破坏，且容易引
起水浇地塌陷、山地水土流失等问题，也给乡村环境带来了较大负面影响，不能满
足民众精神情感的需要。在对村庄丧葬活动现状调研的基础上，以生态作为指导原
则，以精神性作为辅助手段，进行了部分设计及探索。

6.7.2 规划设计

6.7.2.1 原有墓地

石城子村原有墓地形态散乱，多分布在山岗上、农田及路边。主要分为两种大的类别：集聚式墓群和点状个人墓葬区。针对集聚式墓园，采用"显"的改造方式，在其周围围绕大小不等的石块，并给石块涂上满族传统色彩中表示纯洁的五种颜色，同时在墓园内部将放置图腾柱（图6-96）。而对于路边散布式的个人墓地则采用"隐"的方式进行改造，在墓地两旁培土，降低其高度，或在其周围种植草丛及开花植被，将其隐于植被中，让路边墓地与自然环境融为一体，隐于自然之中（图6-97）。

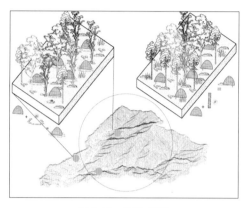

图6-96 "显"策略

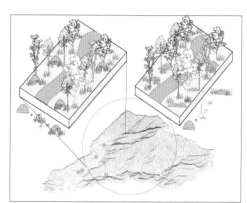

图6-97 "隐"策略

6.7.2.2 新建墓地

新建墓地在选址上会考虑地形及坡度等主要因素。新建墓地生态环境美好，墓葬方式生态化。同时融入地域文化。

依据墓地地形高低的不同和功能需求将其总体划分为入口区、公共纪念区、墓葬区和停车区（图6-98、图6-99）。

（1）入口空间设计。入口空间是通过大片的花草种植及主干道两边云杉及松树的搭配种植，营造一种肃穆的氛围。通过两侧的植被将游人引导至中心纪念区。

（2）纪念空间设计。纪念空间是人们祭拜的地点，也是整个园区的中心，串联起整个园区的功能区。纪念空间广场地铺为满族的文字符号，这个符号指"吉祥幸福"。在广场周围放置高低不等的图腾柱，让其更多地融入石城子村的文化。广场最中心的建筑是圆形的祈福庙，说话时通过墙体的传导能听到回声。最镂空墙柱中心留有水源，参观和祈福的人们可以写下愿望和祝福放在墙柱中或是掷入水源（图6-100）。

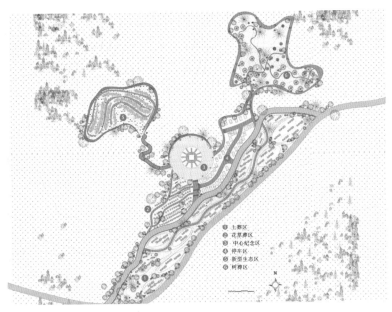

① 土葬区
② 花草葬区
③ 中心纪念区
④ 停车区
⑤ 新型生态区
⑥ 树葬区

图6-98　新建墓地平面图

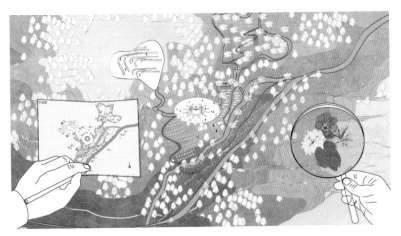

图6-99　新建墓地布局示意图

图6-100　中心纪念区效果图

（3）墓葬空间设计。墓葬空间依据不同的墓葬形式进行分区和组合，具体分为传统遗体葬、树葬和新型生态葬。各种葬区效果图如图6-101～图6-103所示。

图6-101　传统遗体葬区效果图

图6-102　树葬区效果图

图6-103　新型生态葬区效果图

（4）道路流线设计。园路规划要将各功能分区进行有机、协调的结合，使其有一个完整、统一的景观程序。园路规划平面布置主要采用曲线形式。根据路面宽度和对园内的引导作用，将其划分为三种类型。园区内部的一级道路为车行道，主要供给车辆进入墓园；园区内的二级道路为每个墓区祭奠的重要道路，用以引导人流。园区内部的三级道路为区域内步行道，串联于各功能区内部，并与地形变化和景观节点等因素相结合，构成人们祭奠及游览的步道（图6–104）。

（5）植物景观设计。通过植物形态特征、颜色季节变化以及文化寓意等方面来营造相应景观氛围。主要植被有澳洲蓝豆、风铃草、蓝刚草、万寿菊及其他适宜墓园气氛的北方耐寒植被。在营造好的墓园氛围的同时，让人感受到优美的风景（图6–105）。

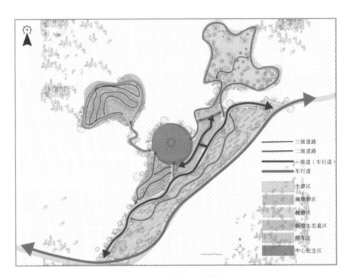

图6–104　路径及功能分区

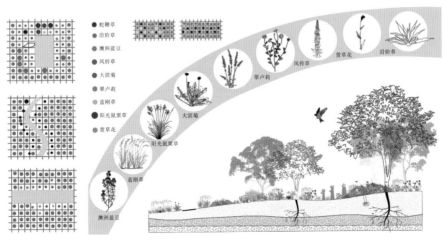

图6–105　植物分析图

第7章 农业生产景观设计

7.1 总体规划

　　远期规划目标是以石城子村的农业文化为支撑，以"三产"融合为目标，合理开发农业景观，轻度干预乡村风貌，拓展乡村旅游，创建一个集农业生产、制作、农业生活体验、农业文化活化为一体的生态型农业园区。发展支柱产业，即以第一产业板栗为主的栗子农庄；发展以林果粮间作、农林牧结合、林畜共生为主，以观赏、品尝为辅的观光—生态农业。休闲产业的植入，依托乡村物产发展的专属乡村休闲活动，包括采摘、磨老豆腐、耕作体验、有机餐饮、农家住宿等。逐步完善加工、储运、冷藏、包装为一体的农产品加工产业链条，儿童农场（户外教学、耕读园、科普园等），社区支持农业（CSA）模式（图7-1）。

策略 - 项目产品

① 栗子主题

② 栗子农庄

③ 自耕园

④ 中药、山野菜生态示范区

⑤ 儿童农庄

⑥ 丰收节会展

⑦ 花海

⑧ 黑猪养殖区

⑨ CSA社区支持农业

⑩ 水果采摘园

图7-1　农业远期规划图

　　在近期农业发展目标中，主要以栗子农庄和农业园为主。石城子村是全国一村一品栗子示范村，因此栗子农庄的打造将为石城子村农业"三产"的融合发展确立方向。同时农业园区农业研学项目为中小学生和游客提供乡村农业知识和农事体验活动。通过"三产"的综合联动，带动石城子村衣、食、住、行、娱、购的近期产业结构（表7-1、图7-2）。

表7-1　近期农业产业结构

食	住	行	游	购	娱
· 有机蔬菜和肉类	· 观星民宿	· 山林漫步	· 栗子农庄	· 有机蔬菜	· 生态采摘
· 栗子鸡	· 农家客栈	· 青石溪步道	· 石头公园	· 有机水果	· 农耕体验
· 栗子甜品	· 康养民宿	· 骑行	· 主题村落	· 新鲜肉类	· 板栗文化节
· 乡村料理	· 满族民宿	· 登山	· 青石溪	· 栗子副产品	· 观星园
· 水豆腐				· 满族文创产品	· 林乐园
· 漏粉					· 矿石园
· 栗子咖啡					· 流水剧场
· 磨坊咖啡					· 儿童农场
					· 艺术小镇
					· 研学广场
					· 康疗园

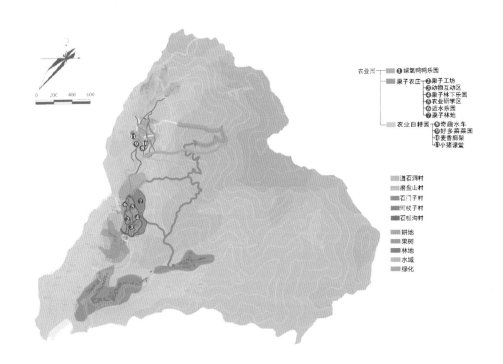

图7-2　近期农业空间布局

7.2　栗子农庄

7.2.1　场地概况

栗子农庄场地选址于石门子村与磨盘山村之间的大片栗子林中，全长约1000m，宽400m。地形呈梯田形式，梯级普遍高度1~2m。每年秋季，栗子成熟，吸引了许多人前来采摘。层层叠叠的大片栗子林是石城子村独特的农业景观线（图7-3）。

图7-3　栗子农庄场地现状

7.2.2　总体规划布局

作为全国一村一品栗子示范村，栗子农庄是标志性农业景观，为游客提供丰富的栗子"三产"体验，游客能够更深入地了解栗子农业知识。整体布局中以栗子工坊为核心，将公共休息区域、栗子咖啡厅、栗子嫁接研学空间、非遗栗子花手工编织研学空间和栗子壳材料研学空间有机地融合在一起。同时，传承过去栗子树下养殖的传统，在栗子树下养鸡和其他小动物，成为小动物乐园的同时，活化了农业非遗景观。采摘栗子、了解板栗嫁接技术及栗子树下餐饮等功能的植入，将打造一个栗子研学教育和游购一体的农庄经济链（图7-4、图7-5）。

以"栗子"为主题的农业研学基地，栗子的每一个生长过程都设置了不同类型的农业研学项目。例如开花过程，引申出栗花编织、栗花蚊香、植物扎染等手工活动。以"工分制"为模式，以家族或团队为单位，通过领取任务卡，参与农业研学，获得的成果可换成工分，拿工分换取奖品，如栗子甜点（图7-6）。

图7-4 栗子农庄总平面图

图7-5 栗子农庄节点示意图

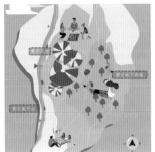

图7-6 栗子农庄中心部分效果图

7.2.3 栗子工坊

栗子工坊共有四个主要空间：研学教室、栗子咖啡、栗子手作和创意廊道。以栗子为设计灵感，钢管为骨架，通过不同曲率营造出不同大小栗子空间。藤编材料通过不同方式的穿插折叠编织形成不同的图案装饰面。两个栗子交叉时会产生交叠空间，这是一个有趣的创意廊道，地面由防腐木铺制，其余部分皆由碎石子铺装，并且上面有临时休闲座椅和桌子以及丰富的绿植，供人们交流研学（图7-7、图7-8）。

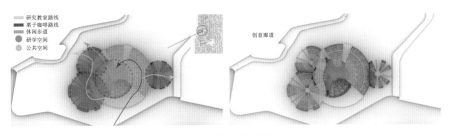

图7-7 栗子工坊平面图

图7-8　栗子工坊效果图

7.2.4　栗子树下

（1）栗子树下养鸡。以单元组的形式，将几棵栗子树用铁网形成的廊道圈起来，内部形成鸡可以活动的空间。这个方法既保证了鸡的健康，也使场地整洁干净。鸡在廊道内圈的排泄物可以为栗子树提供养分，栗子成熟后自然掉落在场地里为鸡提供了食物，使鸡与栗子形成共生关系。这一传统农业技术的落地，不仅可以增加研学体验，也是对农业遗产的活化（图7-9）。

（2）栗子树下种草药。将栗子树下的空间充分利用，在场地里开垦出有规划的田地，游客与村民可以认领草药或通过农业研学得到的成果进行迁移和种植。栗子树为人们提供了荫凉，使人们的体验感更好。

（3）栗子树下种花。人们通过认领或购买花苗，种植在栗子树下，既可以美化环境，也可以让人们体验种植的快乐，感受种植的过程。

（4）栗子树采摘。人们可以租借或购买场地提供的工具，采摘栗花可以在栗子手工作坊进行DIY或制作蚊香，采摘栗子可以体验果实丰收的快乐。人们可以选择将其带回，也可将其在栗子工坊内加工。

（5）栗子树下露营、野餐。利用场地梯田的优势，人们在高处露营时既可以看到下方农业研学的场景，也可以看到周围环境的优美。

图7-9　栗子树下养鸡

7.3　农业研学园

7.3.1　场地概况

场地位于石城子村主要道路和磨盘山村交汇处的一处梯田区域，场地两侧面山，为全村海拔最高的空间，高差较大；村内住房集中，无直接水系，公共用地极少，多农业种植；人口最少，人口流失和农作物腐烂是重要问题。

7.3.2　总体规划布局

磨盘山村具有良好的高差条件，一直以来村民们进行梯田农业种植。但由于近些年来人口流失和农作物腐烂过多，很多农田荒废。为了让这片农田发挥更大的效益，规划定位为农业研学空间，既可以提高农作物种植的利用率，也可以吸引中小学生前来进行农业体验。场地主要分为五个功能区，如图7-10所示。

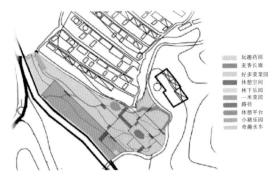

图7-10　农业园场地平面功能区示意图

（1）农产品体验种植区。游客在这里认领自己的菜地，自耕园推崇短期多次种植，菜地里可以种植大葱、玉米、红薯、土豆等。根据季节选择不同的蔬菜种植，并选择短期快速成熟型农作物。公共管理与自种自采相结合，若客人无法在成熟期自行采摘，后期也会提供寄送成熟作物到家的服务。

（2）果树种植采摘区。结合石城子村气候环境种植的几种水果，例如苹果、梨、山楂等，与二十四节气结合，开设理论学习课程。以年为单位进行果树种植，将单株植物挂上植物名称，方便游客在果树生长的不同时期进行辨认和识别，对种植感兴趣的游客可以带小型植物盆栽自行回家养护。

（3）农作物景观区。此区位于主入口旁，主要功能为农作物观赏种植，旨在给游客提供农作物种植成果展示、蔬菜采摘和烹饪。种植的农作物种类有大葱、玉米、红薯、土豆。

（4）中草药园。该地种植少量中草药，如黄芩、苍术、黄芪、丹参、枸杞、柴胡等；主要开展草药研学课程，农民为游客讲解中草药种植、制作过程，了解中草药的使用方法和功效。

（5）景观果林。场地地形起伏较大，且临近泄洪沟，因此不适宜开展农业研学类的活动。设计将该地种植大量景观树，仅作为可视空间，给游客提供休憩和观赏的景观步道。

7.3.3 具体设计

7.3.3.1 入口水车

首先整理场地内部主要路径，贯穿整个农业研学的场地。在道路的交汇处以及尽头处设置了几处主次节点，以水车为起始节点，在水车后的小房子上墙绘，向游客介绍水车从古至今的演变过程（图7-11）。

7.3.3.2 研学长廊

整个农业园唯一的构筑物是研学长廊。作为整体空间的控制元素贯穿主要节点：宣布规则、认领土地、分发工具的休憩亭；进行农业教育研学的讲堂；以及户外餐饮空间（图7-12）。

图7-11 入口水车示意图　　　　　图7-12 研学长廊示意图

7.3.3.3 户外餐饮

在自耕园进行采摘后，游客可DIY简餐，不仅能体验到采摘的乐趣，更能在此地享受到自己制作的美食，与田园美景做伴，家人好友共聚亭下，一幅美好的田园生活画面。

7.3.3.4 小猪乐园

对已有的猪舍及其周边进行改造，儿童可以在这里与小猪亲密接触，猪舍的墙面上以手绘的方式向游客介绍了猪的种类和一些养猪的知识科普（图7-13）。

图7-13 小猪乐园改造前后示意图

7.3.4 研学组织（图7-14）

（1）水车。水车节点可让儿童进行亲水游乐，水车旁的小屋墙上将以手绘的方式向儿童展示水车的演变过程，室内空间除可做村民/儿童休憩空间外，也可作为研学空间，让游客了解到水车取水的过程和原理。

（2）自耕园。认领自己的一米菜园，进行不同季节的蔬菜种植。在休息亭中进行二十四节气的科普学习和相关趣味活动。

（3）蔬菜水果采摘区。根据不同颜色、不同季节进行粮食、蔬菜和水果的阶梯式种植，形成色彩各异的可视地景，向游客展示农作物种植成果，并供游客采摘。采摘结束后在亭子中休息并开展亲子/团建的休闲烹饪。

（4）中草药园。以科普为主，有专门的讲解员带领儿童进入，让孩子们学会认识和区别不同草药，了解草药的功效和养护方法，如何判断草药缺水等。

（5）观赏种植区。此处地形高差较大，行人无法进入，仅作为可视景观进行拍照和户外写生。

图7-14　研学组织示意图

第二篇

校村营造

研学实践

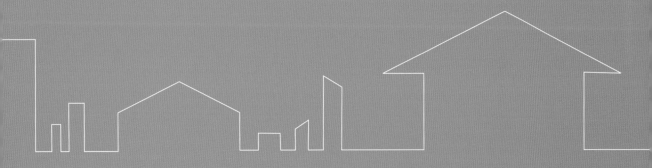

第8章 低造价校村营造

石城子村有非常多的废弃空间需要改造利用，作为中国北方一个普通的小山村，环境改造不可能全部依靠外力。而乡村环境不改善，就不会吸引游客和投资，这是一个矛盾点。大部分乡村采取"等"的态度，只能让在地村民人口越来越少、老房子无力修缮坍塌、文化遗产逐渐消失……课题组在最初几年主要帮助石城子村进行设计扶贫，但是由于村里缺乏资金，多年积累大量的设计成果无法落地。对于石城子村这样普通的乡村，"等"是没有出路的，只有发动村民共同营造，居住环境、生态环境和农业环境才有希望。于是从大量设计中选择适合村民共建的方案，本着低造价、微更新、低技术的理念，2022年和2023年暑期"营造小队"来到村里，和村民一起动手搭建。

8.1 林园

8.1.1 场地概况

场地位于石门子村与磨盘山村之间一处地面平坦、树木密集的闲置林地，树木高大茂盛，内有一些大石头。林地在泄洪沟旁，常年有水，碎石较多。两岸种植有栗子树、桑树等，树林外有一个石砌蓄水池（图8-1）。林园内有一个废弃矿坑，碎石和沙土多，坡度陡峭，有一条小道可以到达矿坑顶部（图8-2）。

图8-1 林园场地现状

图8-2　矿坑场地现状

8.1.2　设计理念

石城子村缺乏儿童娱乐空间，因此林园和矿坑园功能定位为儿童娱乐空间，后续随着游客增多，逐步打造四个不同主题的自然研学空间：林园小舞台、儿童攀爬网、彩石溪、矿谷拾趣（图8-3）。

本次落地实践主要是营造一个以儿童运动及自然研学为主题的林中乐园，主要包括儿童爬网区和林园小舞台（图8-4、图8-5）。

图8-3　林园平面布局图

图8-4　儿童攀爬网示意图

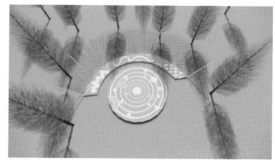
图8-5　林园小舞台示意图

8.1.3　落地实践

根据设计图，学生购买材料，和当地有经验的师傅一起确定结构方案，共同搭建完成。

8.1.3.1　儿童攀爬区

用横向展开的60m红色攀爬网作为构图核心，在绿林中营造一种忽隐忽现的红飘带。选取林中石块以满族色彩及纹样进行涂鸦装饰，形成围合感休息空间。未来再逐步增添自己能够建造的适合乡村的其他运动游乐设施展开研学体验活动。

学生提前采购红网，为节约经费，木构部分全部用村里木料，因此需要学生和村民共同协商设计一套基于村里现有材料的结构方案。落地过程很艰辛，在炎热的7月，学生和农民一边安装一边完善，终于在三天后儿童爬网初具雏形。落地过程和最终效果如图8-6、图8-7所示。一期攀爬网绳作为林园核心元素，轻体量感的网

图8-6 儿童爬网落地过程

图8-7 儿童爬网落地效果

格具有穿透性，对视线的阻挡少，减少空间分割感。连绵流线型的网如纽带，连接起场地原有的树木，让设计与场地联系更加紧密。

第二年暑期，在爬网一侧增加休息区域，设计图如图8-8所示。到现场考察后，发现与实际设计图无法吻合，及时调整到一处多个石头围合的场地进行落地，既有围合空间，又有石头椅。学生简单指导后，与村民一起给石头及小鸟木牌涂鸦上色（图8-9），渐渐地村民能够自主进行配色及绘画，他们感到很新奇和自豪。最后一起放置鸟类互动牌，悬挂小鸟木牌，为林园增添生机与活力（图8-10）。

图8-8 休息区域效果图　　　　　　图8-9 休息区域落地图

图8-10　落地过程和效果

8.1.3.2　林园小舞台

在弧形平台上安置了倾斜钢管，在钢管之间缠绕搭上了红色网绳，爬网呈半围合状。中心为半径4.5m的圆形平台，以及间隔1m处的一条宽2m的弧形平台。小舞台原本铺装设计为防腐木，为节约造价，将防腐木平台改成水泥涂色，在平台上刷涂料，以湖蓝色为底色，学生们在上面绘制了有趣的跳格子互动图案（图8-11、图8-12）。村里的孩子们很喜欢在小舞台表演和玩耍。

林园入口处设计了"绿野仙踪"标识木架和林园游览地图，打印在帆布和车贴膜上，与村民手工制作的木牌固定在一起，安置在入口处，使林园意境更加鲜明（图8-13）。

图8-11　林园小舞台落地过程

图8-12 林园小舞台落地效果

图8-13 林园入口标识落地效果

8.2 栗栖地

8.2.1 栗子屋方案

石城子村作为全国"一村一品"栗子示范村，规划打造以栗子农庄为主题的农业生产景观，石城子特色板栗IP是本次落地的重点。通过对栗子形态的提取和变形，设计出三种不同形态的栗子屋，栗子屋可以在村里不同节点根据功能空间的需求调整放置，延伸出九种形式的栗子屋（图8-14、图8-15）。利用弯曲钢管做支撑，上面覆盖柳编或茅草等，覆盖率的不同可以形成不同的透光感。可作为露营帐篷、栗子咖啡屋、手工作坊等。栗子IP打卡点会吸引游客，栖息栗子之中带来不同的体验（图8-16）。

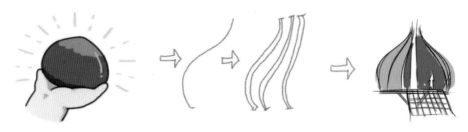

图8-14　栗子元素提取

图8-15　栗子屋形态图

图8-16 栗子屋效果图

8.2.2 栗子屋落地实践

栗子屋的落地遇到许多问题，前期进行了多次沟通，最难以解决的问题就是材料费用的昂贵。经过与村民讨论后，选定镀锌钢管为施工材料，以此压缩成本。为防止钢管户外生锈，又附加烤漆工艺，在颜色上也更贴近栗子形象。

学生感言： 在与施工师傅的对接过程中，发现了设计存在一些空想性，对落地后镀锌钢管弯曲度的保持及承重受力方面欠考虑。在和师傅沟通后及时对设计进行了完善，弥补之前的不足。栗子框架的搭建相对顺利，但由于对编织方式了解不充分，在外部编织上出现了问题。好在村民对编篮子这类编织方式非常熟悉，三两村民一起商量讨论，发表意见，很快讨论出了解决方案。在这里，我们不仅落地自己的方案，也学习了很多课堂之外的知识（图8-17、图8-18）。

图8-17　栗子屋落地过程　　　　　　　　　　　　图8-18　栗子屋骨架完成

8.3　磨盘山生活广场

　　场地是磨盘山村唯一一块平整公共空间，要充分发挥其效能，既可以做村民休息空间，也可以作为未来研学空间。贯彻石城子村"低成本，微更新"的改造理念，方案尽可能地利用村中已有物品进行微改造，将原有空闲场地充分利用，创造出适合村民休息并便于研学活动的微型广场。货物木托架作为主要空间要素，灵活搭建和移动以适应不同功能和人群需求。场地可供游客休憩、研学、村民交流、孩童玩耍，并可在此举办各种集会活动（图8-19）。生活广场设计敲定方案后，师生共同前往磨盘山村，与当地村民共同营造。

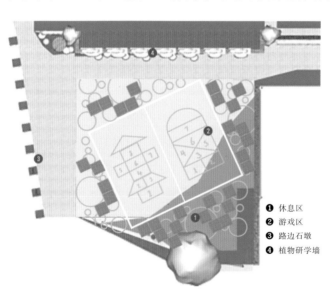

❶ 休息区
❷ 游戏区
❸ 路边石墩
❹ 植物研学墙

图8-19　磨盘山生活广场平面图

8.3.1　前期准备

　　生活广场原场地尘土过多，导致无法直接开工，于是在开工前需要进行前期准备，对场地进行了清理，村民用铁锹把场地上的沙子进行移除，并准备了绘画工具、自家的瓦楞纸板和铁盆。同学们将铁盆扣在瓦楞纸板上，用签字笔沿着铁盆在瓦楞纸上留下笔迹，接着通过剪刀裁剪成圆形模具，便于稍后地面绘制工作的展开（图8-20）。

8.3.2 落地过程

现场采用村民家中的棉线与黄色胶带作为放线工具，并利用街边石头定点，同学们共同校准，为跳房子游戏的地面绘制初步定位。确认定位后，同学们利用白色油漆按照放线位置进行填涂，并反复粉刷多遍，绘制出跳房子游戏的位置与形状（图8-21）。跳房子游戏地绘由白绿两色组成。格子最外界线为白色，与周围地块进行醒目的区分，内部格子为绿色，与周围环境颜色呼应且起到丰富地面色彩的作用。该场地平时可供村中儿童玩耍，也可充当临时停车场地。紧邻广场的路边石凳是村民们平时乘凉休闲的选择之一。除了跳房子游戏的地绘，学生也将路边石凳使用相同白绿颜色涂绘，在视觉上达到了统一，也令该公共空间更加多彩，为磨盘山村注入活力。

村内定制了货物托架摆放在生活广场四周。每一个货物托架规格

图8-20 前期准备

图8-21 放线和涂绘

为80cm×80cm×20cm，均是独立个体且便于移动。在跳房子游戏地面绘制基本完成后，师生对木质货物托架摆放位置进行敲定，与村民一起搬运托架至指定位置，完成最初的落地设计。对于生活广场整体，货物托架形成半包围状围绕在广场周围，可供大型活动使用。对于货物托架的设计，不仅在广场的整体空间上呈包围状，而且在内部被分为一个个小组，形成相对独立的空间，可供村民、孩童小范围的交流及玩耍使用，满足开放性交流集会的同时兼顾小群体的社交私密性。同时，在放置货物托架的区域，地面上有着与内部跳房子游戏地绘交相辉映的绿色圆圈，同学们用绿色油漆与提前修剪好的圆形瓦楞纸板在地上留下了圆形图案，丰富了外部托架区的地面，也为此带来了活力。最后，师生与村民一起在完工的磨盘山生活广场举行了篝火晚会，共同纪念磨盘山村公共空间改造迈出了新步伐（图8-22、图8-23）。

图8-22　磨盘山生活广场营建

图8-23　磨盘山生活广场改造最终效果

生活广场落地设计初步完成，场地中的设计仍可根据之后磨盘山生活广场的用途进行改变，例如，举行不同活动及满足村民日常的不同使用需求等，按需变换货物托架的位置、整体高度与摆放角度即可，多种组合形式可供村民搭建。木质货物托架便于移动，以它为主的活动广场由原来的空地变成了可持续的变化空间。同时由于本次落地建设村民的积极参与，也使这里成为村民们的共建共享空间，拉近了设计与乡村和村民之间的距离，让村民们也参与到自己村子的场地设计中，展现自己的设计想法，并为村子的发展做出自己的贡献。

8.4 特色彩绘

8.4.1 彩石门

彩石门的灵感一个是源于满族的黄、白、红、蓝、黑五种颜色，同时对应了五行。另一个来源是满族文字里的"吉祥平安"符号（图8-24）。将两者融为一体，用石头作为基础材料，围合成"吉祥平安"的形状。石园入口前有一些大小不一的石头，将现有叠石进行简单彩绘突出入口，另外，用石块简单摆放成太阳形状，竖向的叠石和平面的圆形构图形成石园主入口之前的导引标志（图8-25）。彩绘相对易上手，也能让村民们积极主动参与到乡村微改造中。

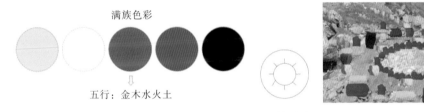

满族色彩

五行：金木水火土

图8-24　彩石门设计概念来源

图8-25　彩石门涂绘落地

8.4.2 彩石溪（泄洪沟）

山野漫步道入口有一处村里难得的水源地——泄洪沟，但凌乱的石头和杂草经常被人忽视水流。通过涂绘一条通向远方的彩石汀步改变了河道枯燥无味、易被忽视的视觉停留空间，大石头上满族图案增强了文化性，艺术带动乡村景观微改造，泄洪沟变成了彩石溪（图8-26）。

图8-26　彩石溪（泄洪沟）改造

8.4.3　民居墙涂绘

在石门子村民居墙下，营造一个满文化主题的满园景观。以轻干预、低造价的理念，以满族文化五个重要历史时期作为画面展开，在民居墙上涂绘出石城子村满文化主题画面。

伪满洲国时期的满族特色极大繁荣，满族的图腾艺术、八旗、民俗都极具特点。现场涂绘空间只有一段裸露的土墙，以当地村民编织的圆盘簸箕作为绘画材料，与石城子村的整体形象能够协调地融合在一起，在其上绘制了满族特色图腾：猎神、

电神、长白山神、蘑菇神、狐狸神、雪神。考虑到搭配色调，每组墙绘都选用了不同的颜色。将这些墙绘作品摆放在墙面上，一组组墙绘作品在光秃秃的墙壁上浮现，给环境增添了色彩，为石城子村带来了新气象（图8-27）。

图8-27　伪满洲国时期满族文化主题簸箕彩绘

8.4.4 民族融合主题涂绘

除了满族文化外，满园也体现民族融合的思想。涂绘场地选在村部旁阶梯处，这一阶梯承载着村民们大大小小的文化活动记忆。采用微设计思路，阶梯1/3为各个民族图腾区，2/3保留原有台阶样貌，使村民们的记忆得以留存，台阶的终点面对的墙面绘制满族图腾——柳神。红色带状文化线既是楼梯视线的向上延伸也是民族文化的延伸（图8-28）。

8.4.5 大坝和桥上的海东青

大坝上的图案设计灵感来自当地的满族文化图腾——海东青，它在满族文化中代表着勇敢、智慧与永不放弃的精神，也代表着石城子村的历史和传统。大坝由石块砌筑而成，把海东青的图案抽象简化后采用像素画的手法，运用满族图案中常用的白色、蓝色、红色、黄色、黑色五种颜色绘制在大坝上，最终在高达10m的大坝上完成了这幅巨大的海东青图腾。村民也参与到涂绘中来，真正实现与村民共建美好蓝图（图8-29）。大坝的气势和海东青的雄伟浑然一体。

图8-28 民族大融合主题地绘

同样的海东青还出现在何杖子村口的一座普通的水泥桥上，桥面经过同学们的设计和绘制后变得生动有趣起来。桥面的海东青是由特制的荧光漆绘制而成，白天图案是装饰，到了晚上，通过释放白天吸收的光能为人指引道路和装饰桥面，荧光图腾让人感受到一种神秘而梦幻的魅力，成为游人拍照打卡的景点（图8-30）。

图8-29　大坝上的海东青　　　　　　　　　图8-30　桥面上的海东青

8.4.6　老磨坊墙绘

在石门子村百年磨坊道路墙体，以豆腐的制作工艺过程（泡豆、磨浆、滤浆、煮浆、成型）作为墙绘画面展开，涂绘出豆腐工艺主题墙绘。

选用以红色、白色乳胶漆作为绘画材料，用刷子在墙体上勾勒出大体轮廓。经过上色、塑造和收形等绘画过程之后，一组组墙绘作品在光秃秃的墙壁上浮现。同时，村民也参与涂绘中来。游客沉浸式体验豆腐制作过程的画面，增加交流互动，有效地融入当地民俗生活，为石城子村带来了新气象（图8-31）。

图8-31　老磨坊墙绘

8.5 第四届石城子村农民丰收节

2021年9月为期一周的研究生协同创新工作营（环境设计专业、视觉传达专业、数字媒体专业）以石城子丰收节空间和视觉设计为主题进行跨专业联合乡村实践设计课程，让思政课堂走入乡村。空间设计以建党100周年为主题，将红色"100"图案设计作为整个丰收节主会场地面空间设计图案，地面上利用"100"图案做摄影和设计图展架，用盛满果实的簸箕点缀在会场前的田地里，充满了丰收的喜庆。师生们利用休息时间前往石城子村帮助完成丰收节活动策划和设计落地工作；并做了石城子宣传片、Logo、旅游地图，学生和农民、游客一起进行栗子模块文创和扎染体验活动，让公众更好地了解石城子村的文化价值，帮助石城子村成功举办第四届农民丰收节（图8-32、图8-33）。

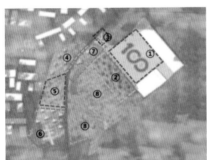

图8-32 丰收节会场设计示意图

图8-33

图8-33　丰收节会场落地

学生感悟： 几次落地实践和参与施工的过程中，真切地感受到设计落地的细节之繁重。设计不只是好看的图纸、吸引人的理念，还需要脚踏实地、不放过任何细节地调研与实践。前期对材料和施工工艺的调研是我们的设计得以落实的基石。除此之外，还出现了一些大家意料之外的状况，在与施工师傅们的不断讨论与协调之后，得到了解决问题的方法。实践带给我们许多真切的启发，其中最重要的一点就是：设计不是仅凭设计师就能完成的工作，只有在设计与施工紧密结合，积极沟通，实时地解决问题的情况下，设计才能完整又安全地落实。暑期工作营的实践和劳动过程中我们也从村民那里学到了很多平时学不到的知识和智慧。

第9章 石城子村设计展览和品牌发布会

9.1 跨专业设计展览和乡建论坛

石城子村设计展览和发布会的目标是引起社会各界对中国北方这种普通贫困小乡村的关注，一同探寻更好的方式打开石城子村乡建。2017年底在北京服装学院中关村产业园启动石城子村乡建和农产品品牌首发仪式，希望借此让石城子村品牌形象吸引更多的市场机会、行业合作及投资融资项目，带动石城乡建快速发展（图9-1）。邀请业内专家针对石城子村开发策略和品牌营销进行理论和实践探讨，会上探讨了关于石城子村发展的主题，包括农业品牌构建、艺术介入乡村、高校扶贫与农民合作组织建设。论坛力图从专业上探寻普通乡村建设之路，帮助石城子村探索乡村文旅开发模式（图9-2）。

图9-1 石城子村跨专业设计课程联展

图9-2 石城子村乡建论坛

9.2 产品推广和品牌发布会

石城子村农作物自然长成，口感品质优越而屡获殊荣。遗憾的是，由于产品常年处于粗加工销售状态，缺乏产品附加值。更没有品牌战略以及品牌形象的统一规划，致使好产品没有好价格，成为脱贫道路上的桎梏。石城子村品牌发布会的召开，相关媒体、乡建院、有机农夫市集的宣传和支持可以帮助石城子产品更快地推向市场。目前，该项目已转化落地，投入实际实施阶段，探索了用设计助力乡村建设的新模式。民贸会与"一乡一品"产业发展促进中心和中贸国资商贸流通事业部将该村的特色产品（主要是板栗和核桃）列入民贸会促进计划产品名录，协助拓展销售渠道，并成功促成与青龙满族自治县又飘香核桃专业合作社达成合作（图9-3）。

图9-3　石城子农产品品牌发布会

9.3 视觉传达专业之农业品牌形象塑造

通过对石城子农产品的品牌注册和包装设计使石城子优质农产品走出大山；针对石城子九类农产品进行全面产品升级、口味优化；提出现代品牌经营概念，打造全方位的品牌形象。首先，进行品牌命名，成功注册"石也香"农产品品牌商标。其次，为石城子村完成了村标设计。再次，以板栗为核心梳理出9类农产品，进行市场细分，挖掘深加工的可能性，努力提高产品附加值，例如开发板栗糕饼系列、板栗酒、生态杂粮粥、保健核桃露、野菜干等。当务之急是对产品进行全方位的包装，传递有机、天然的概念（图9-4）。

为配合乡村旅游，配套进行了文创产品的开发和设计，打造了"栗小子"吉祥物，创作了布偶系列、动漫、各类衍生品等。策划了"石也香"品牌发布会，活动现场策划糖炒栗子、扫码试吃等互动环节，深受游客好评。

系列Logo采用石城子村的地图简形作为标志，具有极强的指代意义及鲜明的特征。字体设计上参考了石城子村的房屋造型及砖墙结构，外形设计上参考了特产板栗的形状。石城子标志以栗子为外部轮廓造型，中间分割增加空间感。字体较粗，具有石墙的厚重和乡间的韵味（图9-5）。

图9-4 农产品包装设计

图9-5 石城子Logo设计

9.4 纺织品设计专业之少数民族文创产品设计

通过纺织品软装设计和家具设计传承石城子满族乡村文化。把纺织设计理论与石城子村民宿改造实践相结合，以满族文化为灵感，进行室内系列图案和软装整体配套图案设计（图9-6）。这些满族布艺可以作为丝巾等小型文创产品进行线上推广和销售。

图9-6 满族文化传说主题布艺设计

9.5 摄影专业之乡村形象推广

通过石城子村民摄影展让乡建具有更多人文关怀。摄影系同学到石城子村进行类型学摄影、纪实摄影的考察与实践。从风光、地貌、物产、民俗、民居、人口分布、人口特质等几个方面对石城子村进行考察拍摄，为外界更深入、更有质感地了解该村提供文献，为后续开发设计提供参考。在拍摄调查中发现，石城子村与广大农村状况相似，老龄化现象严重，重点拍摄了一组老人肖像，反映我国普遍的农村老龄现象（图9-7）。影像是当前更利于大众接受的传播媒介，通过石城子乡村摄影的组图发布，一张张朴实的村民形象，加深了大众对石城子村的关注。

图9-7 石城子村民摄影展

第10章　石城子村研学内容创建

为了更好地帮助石城子村建立一个未来能够自我发展的村民自建模式，在村内创建乡村研学项目。乡村研学可以作为村民经济收入和乡村文化活化的窗口，带动村民就业，村民能够真正成为村子发展的主导者，对于村民"造血"是关键。村民要学习如何利用自身力量自我营造环境，成为未来传统文化研学、农业研学和自然研学的导师，甚至景观空间研学的主导者。这一过程其实是村民和高校师生相互学习的过程。2023年暑期，我们带领村民初步探索第一次石城子研学，开展"手工艺赋能乡村振兴""品牌营销管理""乡村闲余空间再活化"为主题的多专业研学营活动，培训村民导师，将研学实践与乡村振兴结合在一起。

10.1　建造研学公众号

帮助建立建造研学公众号，如图10-1所示，未来转交给村民自己管理研学公众号。上面可以发布研学信息和广告，如图10-2、图10-3所示。

图10-1　石城子建造研学公众号

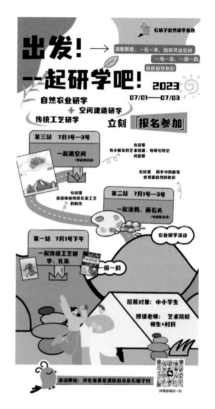

图10-2　发布研学信息软文　　　　　　　　　图10-3　研学宣传页

10.2　农产品活化设计

　　在景观遗产活化和研学方面，将板栗壳与少量豆类、米类和植物结合，设计出不同模样和性格的板栗小动物，如"千栗鸟""多栗猫""跳跳鼠""哞哞牛"和"猫栗鹰"，既可以作为村子的吉祥物又可以吸引游客。通过模块化进行现场组装，降低了制作的难度和时间成本。游客在村民的带领下，使用胶水、剪刀组装提前准备好的零部件，就能够亲手制作一只属于自己的板栗小动物，同时，模块化组装、身体零件的自主搭配也赋予了小动物外形新的可能。游客们制作出和最初设计完全不一样的小动物，制作的过程都是一段独一无二的回忆。村民提前学习制作方法，能够给予游客帮助和引导，这不仅加强了村民与游客的互动，而且给村子带来了新的经济效益和旅游热点（图10-4）。

图10-4 村民进行板栗小玩偶制作

数字媒体专业同学在这一环节加入了小程序,通过点击心仪的板栗小动物,可获得详细的图解教程(图10-5),游客可以根据自己的节奏从头开始进行完整的制作。活化不仅是物质遗产的重新利用,不仅是一个完成品,它更应该是一个后续的过程,通过视频教学、图解教学,村民和游客能够掌握制作的方法和思路,不局限于我们设计的样品,充分发挥自己的创造力,将板栗小动物作为村庄的丰收节旅游项目之一不断地发展下去。

引导当地村民和游客通过观察发现美丽的自景观然及朴实的传统村落所独有的田园风光。采用石城子村当地谷物作为粘贴画的原材料,通过谷物多种形式的组合及对美好景象的捕捉,二者有机结合,再创造出独一无二的谷物作品(图10-6)。

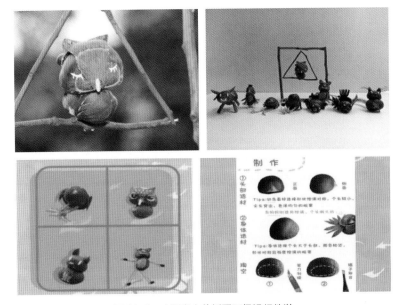

图10-5 小程序中的板栗玩偶视频教学

图10-6　村民谷物粘贴画

10.3　扎染实践

石城子村本身有丰富的核桃资源，核桃果实本身作为食品原料有很大用处，剩余下来的核桃青皮尽管也用于中药，但是仍有较多浪费，用可持续设计实现核桃青皮的废物再造——核桃青皮植物染，通过核桃青皮结合传统植物染工艺所制作出来的各种产品极具自然风情。

在研学活动期间，同学们教会了村里的妇女手工扎染的工艺。他们完全是利用石城子村里纯天然无污染的原料——核桃皮、栗子壳及山上的黄柏树皮来作染料。在植物染工艺中，以扎染为主向当地村民进行传播，扎染技术水平要求不高，随机性较强，能够很好地激发制作者的兴趣，基本上制作出的成品不会有一模一样的，极大地提高了创造性；同时，不同的扎染工具也能产生不同的颜色和图案效果（图10-7）。未来尝试将不同的工具提供点和当地的不同景点进行结合，以"趣味打卡"的形式提高娱乐性，将旅游和设计制作结合起来，增强对游客的吸引力。

图10-7 带动村民学习扎染

第11章 跨专业石城子村设计探索

11.1 《锦绣石城》的新媒体交互设计

开展石城子村乡村文化交互设计研究——《锦绣石城》，从交互技术平台、信息架构、交互界面设计与开发三个方面来开展研究。在设计研究实践的过程中以对立统一的视角探索了乡村文化传承与新技术、新审美背景下网络化交互设计的平衡，力求既能满足用户精神愉悦与现代审美又能创新传承乡村传统文化。

11.1.1 《锦绣石城》的新媒体交互技术平台

微信小程序是一种全新的、跨平台的连接用户与数字化信息服务的新媒体创新方式，在用户的手机微信内能够方便地被获取和传播。以微信小程序为石城子村乡村文化交互设计传播平台，符合现代用户的思维理念和生活方式，能够更好地链接传统与时尚，提供超时空和地域的信息交互服务。

11.1.2 交互信息架构

《锦绣石城》是一款基于微信小程序的石城子村乡村文化交互设计与应用平台。该应用以现代消费者的审美和生活需求为出发点，在深入挖掘石城子村乡村传统文化的内涵和以现代设计理念为指导的基础上，既保留石城子村原有的民族特色，又赋予其现代时尚特征，并结合新媒体技术为用户提供乡村文化体验服务。该应用的信息架构如图11-1所示。

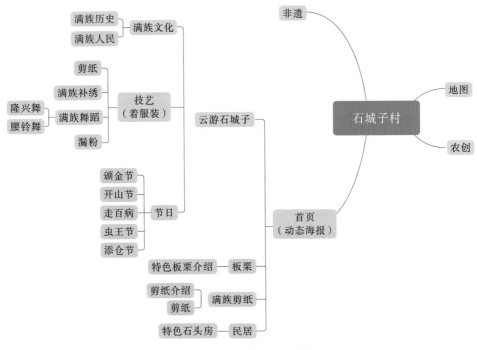

图11-1 《锦绣石城》的信息架构

11.1.3 交互界面设计与开发

11.1.3.1 交互界面设计

《锦绣石城》的首页底部包含"石城子""地图""农创""非遗"四个模块。

"石城子"模块首页以gif动图形式展现石城子村地理位置优势、气候宜人及秋天收获季节的美好景象，其中又包含四个项目："剪纸""云游石城子""板栗""民居"（图11-2）。

地图模块展示了沿石城子龙石溪概念的"龙脉"，由南向北将内部包含的五个村子分为五个主要的区块，每一个区块介绍对应的景点和特色，并采用传统满族五色进行区域划分，中部为龙石溪连接而成的龙脉（图11-3）。

非遗模块围绕龙石溪"一脉"，龙脉的概念衍生

图11-2 石城子模块的界面设计

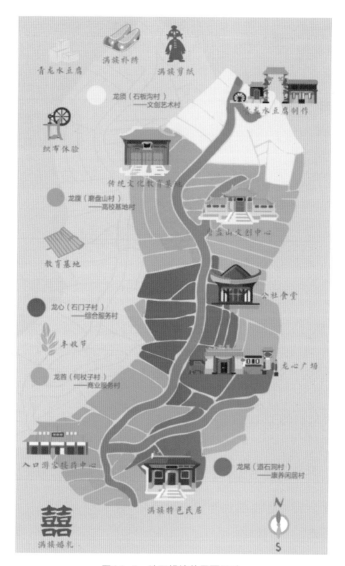

图11-3　地图模块的界面设计

了整体关于龙的相关形象的设计，通过龙首至龙尾的引导顺序，介绍石城子相关旅游景点、特色文化及产业。与当地特有的满族文化结合起来做出文化包围、文化传递的氛围，注重文化的浓厚传播，放大更具体、更独特的当地特色内容吸引游客的目光，勾起用户的兴趣。

　　将文化产业与特色产业相结合，互帮互带，通过了解相关文化而体验相关产业，通过实践相关产业从而对相关文化产生兴趣。采用更明显的图标或者更鲜艳的配色加强表现相关文化特色产业，其中柳编、青龙水豆腐、织布及萨满表演特色文化产业设计分别如图11-4所示。

图11-4　柳编、青龙水豆腐、织布及萨满表演特色文化产业设计

　　农创模块从丰收节、板栗文化节及花期果期来分别介绍石城子村的农产品，农创模块的界面整体配色采用代表丰收及满族特色的黄色系，该界面的背景图设计及丰收节、板栗文化节、花期果期三个图标设计如图11-5所示。

图11-5　农创模块背景图及图标设计

11.1.3.2　交互界面开发

《锦绣石城》文化遗产模块的交互界面开发代码如图11-6所示。

图11-6　《锦绣石城》文化遗产模块的交互界面开发

11.1.4　《锦绣石城》结果展示

正式发布线上版石城子微信小程序《锦绣石城》，为乡村传统文化的传承开辟新的空间，对石城子乡村的经济发展有着重要的现实意义。微信小程序中搜索"锦绣石城"即可进入石城子微信小程序正式版本。

《锦绣石城》的首页中云游石城子、板栗、剪纸及民居模块的展示如图11-7～图11-10所示。

图11-7　云游石城子首页

图11-8　民居模块首页展示　　　图11-9　板栗模块首页展示　　　图11-10　剪纸模块首页展示

《锦绣石城》的地图模块内页设计展示如图11-11所示。

图11-11　《锦绣石城》的地图模块内页展示

　　《锦绣石城》的农创模块交互界面及内页丰收节、板栗文化节、花期果期的设计展示如图11-12所示。

　　《锦绣石城》的非遗模块交互界面及内页设计展示如图11-13所示。

图11-12　《锦绣石城》的农创模块及内页展示

图11-13

图11-13 《锦绣石城》的非遗模块及内页设计展示

11.2 石城子村类型学摄影计划

类型学是一种源自考古学的分组归类方法，"分类"是各种研究广泛运用的基本方法。这种类型学摄影在乡村建设的整体规划、调研、保护开发中起到重要作用。

将石城子村分为人口、建筑、经济、文化、环境等多个大专题，大专题之下再形成小专题，如石城子村的儿童、老人，村中老旧房屋、改造新房，村中传统经济、农业生态、新兴经济，村中传统文化、当代文化，村子的自然环境、环境污染状况、人与自然的交互、人文环境等。乡村建设整体的设计者、规划者要有全局观，尽量做到全面地记录与保存。下面七张照片分别可归类为儿童、老人、环境三个专题中（图11-14～图11-16）。

图11-14　儿童专题摄影

图11-15　老人专题摄影

图11-16　环境专题摄影

11.2.1　便于快速全面地抢救式记录与整体保存

类型学摄影的思路是以统一的光线、统一的构图形式，拍摄同一类别的物体。"集邮"式地收集影像资料，迅速建立"证件照"式的档案库。可以将乡村从上到下、从里到外分成多个部分：建筑、建筑装饰细节、家居陈设、人物肖像、人物活动、重大节日庆典、非遗手工艺等，快速建立影像档案。此时拍摄像一次科学、档案工程，如同给考古挖掘出的文物拍照建档，不需要艺术家灵感，只需要按部就班地完成大体量的细致工作。

这在乡村建设开发任务紧急时，在艺术家、设计师没有找到灵感，没有大量时间融入乡村、体验生活时，在更为深入的艺术创作、调研活动开展之前，是可以做的非常重要的基础工作。努力做到平实客观、不遗不漏，可以迅速地了解乡村整体，推进下一步工作。

例如，第一次去石城子村的时间十分紧急，无处入手调研，就采取类型学摄影的方式，安排了给当时在村的所有人拍摄最简单的、黑背景前的正面肖像，统一光线、统一视角，几乎统一的构图，后来这组肖像成了历次石城子成果展览中的亮点所在。

11.2.2　利于突出研究性与问题意识

拍摄石城子村全村村民的普通肖像，平平无奇，但当最后众多老人与一位儿童肖像整齐并置时，效果十分震撼，乡村的空心化、老龄化现象一目了然，当地老人纯朴的气息、豁达的心态、康健的精神面貌也清晰地呈现出地域特征（图11-17）。

图11-17

图 11-17　摄影类型学方式拍摄的石城子村村民肖像

11.2.3　便于汇聚文化细节、展示微观表现，益于文化传承

乡村中，许多日常生活与环境细节，承载的是传统及新兴乡村文化，与城市统一的商品房、城市生活有很大的差异，如家家户户的门窗、门楣、对联、影壁墙、堂屋、佛龛、堂屋墙面装饰、卧室墙面装饰、厨房卧室陈设、被套枕套床单、一日三餐的饮食等，这些都是类型学摄影极佳的表现对象，也是后续乡村开发与设计中，可能会引发创新的灵感源泉。图 11-18 中的这组门聚焦了乡村中紧锁的大门、生锈的门锁，从中可以看到经济、文化、居住状况的缩影。

图 11-18　摄影类型学方式拍摄的石城子村大门

11.3 数字技术驱动石城子村手工艺设计和运营

通过针对乡村本身环境及劳作方式进行创新设计，并借助数字化平台扩大乡村在城市日常生活中的影响范围，在形成整个产品生产销售闭环的同时，使城市不再与乡村脱节。引导农民在农闲时进行编织类产品手工生产，实现收入的增加，同时将乡村文化融入城市人群的日常生活当中。

从设计角度分析，乡村文化产品以数字技术驱动手工艺实现创造性转化，并形成消费者直接对接农民生产者，手工艺生产直接对接工业制造的闭环系统。结合石城子村编织工艺与流行趋势推出服饰产品模板，以模块化方式通过小程序引导消费者自行设计产品，将材料、工艺、产品品类等元素进行数字化自由组装，再发至农民生产者端口进行手工生产与产品组装，实现传统手工艺创造性转化。

11.3.1 手工编织服饰产品市场趋势

石城子村除了本地生产系统的建设外，更需要考虑城市作为整个系统闭环的重要性。只有整个手织服装产品的生产和销售面向农村和城市，才能实现闭环系统。因此，产品的城市受众能够接受什么样的手织服装产品成为笔者在设计过程中需要考虑的关键因素。把握当下的流行趋势是服装产品设计中必不可少的一个环节。

消费者的生活方式不断发生变化。模块化的结构设计和多变的造型设计迎合了户外时代兴起的潮流，将传统元素与科技设计相结合，将草编、竹编、钩针技术与皮革相结合，使经典款式得以更新。这种工艺设计与光滑的金属配件、挺拔的皮革相结合，旨在赋予服装产品一种混搭的新面貌（图11-19）。只有符合市场发展、满足用户需求的产品，才能真正推动传统手工艺的发展。

图11-19 手工编织服饰产品部分流行趋势

11.3.2　数字技术下的产品生产销售新机遇

在信息技术高度发达的今天，农民、生产者、城市消费者和后台管理者可以通过小程序和其他数字技术直接连接起来。消费者根据需求偏好选择甚至设计他的终端产品；生产者直接在他的终端看到订单进行生产，然后通过物流将订单发送给客户。这样可以在一定程度上保证产品在功能和外观上的质量。一方面，它对管理系统进行管理，使其顺利运行；另一方面，它提出相应的模块，减少消费者的设计难度及其与生产者之间的沟通障碍。在石城子村可以实现的主要产品类别是包、头饰、腰饰和一般装饰品。这类服装的各个部分被划分为模块件，然后组合成不同的连接结构。最终的形式是由数字技术产生的，而消费者和生产者之间的无缝连接是通过特定的视觉图像实现的。

为了实现上述想法，农村手工编织的服装产品需要被模块化拆解，并整合成数字化、标准化的设计和生产模式，以确保产品在小程序等数字平台上的顺利生产。只有当所有服装产品都需要保持模块化结构的标准，才能最大限度地降低成本和生产难度，实现大规模生产。

从本研究的系统设计思路可以看出，农民手工业生产的过程是这样的：结合当地作物生长周期，确定相应时期可以使用的材料、工艺和工作习惯，并按照相应的风格制作产品的零件。产品的每个部分都可以组成模块，并且模块在材料、工艺和颜色搭配方面是多样化的，实现更多风格的产品（图11-20）。

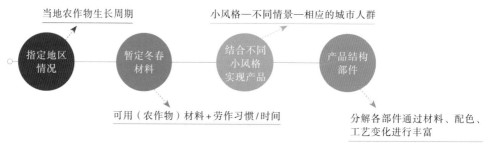

图11-20　产品数字化设计流程

小程序数据库还可以将最终产品的各种细节以及各种服装款式的造型搭配呈现给消费者，协助消费者设计服装产品。对于箱包产品，消费者首先选择各种基本的包装类型，然后在材料、颜色、连接方式、五金件等位置进行数量选择，确认后，系统自动组合生成最终产品效果，达到其"预期中的设计效果"。用户再次"确认"结果后，订单生成并送至农村生产，最后通过物流"销售"给消费者。

在这一过程中，消费者通过直接参与设计过程，将消费的"劳动"转化为对实际产品的预期，而这种预期可以有效地提高消费者对生产周期较长的注意力缺陷的容忍度。为设计师提供良好的参考效果，也能从多个角度满足消费者的需求。当然，如果他们更喜欢购买现成的产品，这是完全可行的。

11.3.3　服饰产品形态与生产实践

通过潮流网站WGSN给出的未来几年服装产品的流行趋势分析，箱包作为核心单品，在市场上仍然占据着很大的比例，所以产品品类的设计实践主要是箱包类产品，并采用石城子村丰富的藤编材料与皮革进行搭配。在近几年和未来两年的时尚潮流中，行李包最常挎的部位是腰部、肩膀和手。因此，本次模块化设计也围绕着身体的上述部位，从人体结构和习惯动作出发进行了详细的形态设计（图11-21）。

图11-21　模块化箱包类服饰产品流行趋势

　　包包的基本形式选择了几种简单常用的类型，如翻盖袋、托特袋、圆筒袋等。进一步拆卸形成包的几个模块，并增加了简单的柔性连接结构，方便用户自行拆装。用户可以根据不同的风格和场合调整或组合自己喜欢的单品。多种多样的选择可以满足更多的需求，赋予包包更多的价值。根据以上设计方向，结合箱包产品本身所要求的制作工艺和制版内容，经过大量的包款，绘制和选型，确定了基本的模块化包款，如图11-22所示。

　　同时，为了满足数字化平台所要求的标准化、数字化、大批量等产品的模块化要求，在模块中对不同材料、不同工艺的适配，以及"切换"方式的巧妙运用，是将不同材料、相同形态的工艺模块与工业化生产连接起来的重要环节。因此，通过不同的结构和"切换"方式，实现了传统织造工艺部件与工业生产产品的创新融合，在服装产品中呈现出更多的质感和风格融合（图11-23）。

图11-22　基本的模块化包款

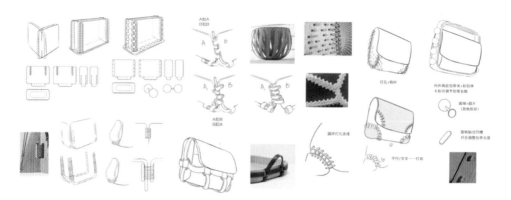

图11-23　模块化连接方式

在确定了基本的封装类型和连接方式后，需要进一步确定编织材料和工艺。实践过程以编织为基础，主要围绕石城子村能采集的材料进行实践研究（表11-1）。

表11-1　编制形态的材料与工艺

软性线状材料（粗+细）（结合染色）	棉线		葫芦藤	
	皮条		丝瓜藤	
平面片状材料（草编/皮革）	植鞣革		蒲草	
	麦秸草			
	玉米皮		柳条	
圆弧状/球体立体材料（钩针、皮塑、草编）	植鞣革		蒲草	
	麦秸草			
	玉米皮		棉线	

实践中选择草编、藤编、钩针等编织工艺对上述农用材料进行了加工试验。为了进一步验证工艺和材料的可行性，实践中进行了工艺样品的制作，以及不同制作方式的草编模型的制作，得出了最适合模块化拆解的包版式。另外，通过不同工艺、材质、颜色的对比试验，最终确定本次实践中服装系列产品的几个重要因素（图11-24、图11-25）。

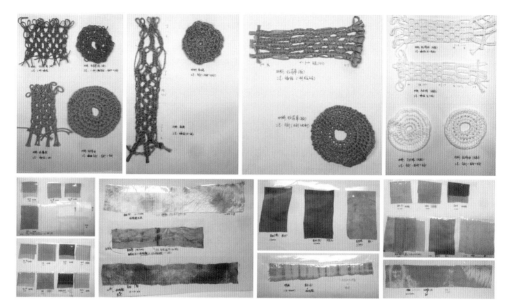

图11-24　不同工艺、材质、颜色的对比实验

图11-25　实验小样及草模型制作

11.3.4　服饰产品"填·补"设计呈现

　　"填·补"系列通过编织工艺与服装结合，体现自然、简约、质朴的风格。材料是用石城子村的藤条、棉线、草绳和皮革制成的。颜色以燕麦奶色为主，酒红巧克力色为辅，明亮对比强烈、醒目。皮革部分是对现代设计的隐喻，编织

部分是传统手工艺，通过各种结构连接起来，相得益彰，相互"填补"。产品如图11-26所示。

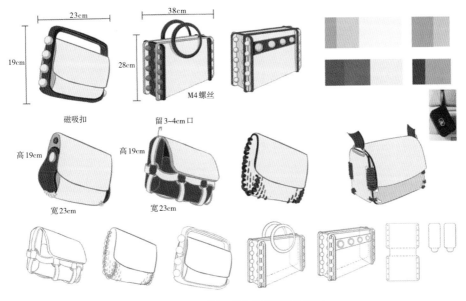

图11-26 "填·补"系列产品效果图

"填·补"系列产品的灵感来自作者的田园梦。在拥挤的城市中长大的笔者，向往着开阔宁静的乡村，向往着四季鲜明艳丽的景色，向往着简单自然的生活方式。在石城子村的实地考察中，作者更是被当地浓厚的自然气息所包围。在笔者看来，无论是农作物本身的原色，还是织造过程中蕴含的工艺和巧思，都呈现出天人合一的美感，同时也传递出乡土传统工艺文化中蕴含的价值和魅力。数字技术下的模块化服装产品和手工艺创新连接了城市和农村，在发展农村文化和经济的同时向人们传递了这种田园梦。产品成果如图11-27所示。

随着乡村振兴战略的全面推进，农村手工业逐渐成为农村经济创收、提高农产品附加值的有效手段。石城子村作为华北地区发展基础较好的示范村之一，可以在一定程度上实现城乡联系的手工业创新发展。本书通过系统设计的关键点——因地制宜，将石城子村的工艺材料与现代数字技术和服装产品相结合，通过设计完整的服装产品生产和销售闭环系统，实现了石城子村的经济发展和传统手工艺的活化。"填·补"系列产品就是这一系统设计的实践成果，它试图向人们传达生态乡村的轻松感和传统手工艺的魅力。在未来的研究中，希望扩大产品的范围，探索传统手工艺技术在不同环境的农村的更多应用点和创新可能性。

图11-27　产品效果图

后　记

　　"营造小队"介入石城子，未来将制造无限的可能性。

　　感谢我们最可爱的学生们！从课程设计、毕业设计到暑期营，六年来不同学校不同专业的上百位同学从设计、建造到研学的参与凝结成这本书。

　　参与本书图文绘制的主要同学：刘兆怡、张永康、吴辰懿、乔婷钰、牛佳文、耿子奇、蔡欣珂、张益萌、贾珺婕、王家好、金元、李啸辰、王晓璇、王雨珊、张鑫琪、王瑞琦、任文璐、黄婉芮、姜喆莹、秋思源、方蕊、恩腾、张若琪、马蕊、王婕、米旺、周雅琪、刘力心、张力凡、韩宇菲、王钾澄、卢璇、张毓灵、熊猛、陈鸿飞、隋蕴仪、吴任清、何媛、王心怡、曾绍金、苏雅琼、张畅、张俊、孙潇、乔瑜涵、张馨宇、耿春莉、刘灿、代一凡、张诺、甘蒙蒙、陶铱涵等。